什么是量子力学

长尾君◎著

清華大學出版社
北 京

图书在版编目(CIP)数据

什么是量子力学/长尾君著. —北京：清华大学出版社，2023.2(2024.5 重印)
ISBN 978-7-302-62583-4

Ⅰ. ①什… Ⅱ. ①长… Ⅲ. ①量子力学 Ⅳ. ①O413.1

中国国家版本馆 CIP 数据核字(2023)第 022862 号

责任编辑：胡洪涛 王 华
封面设计：傅瑞学
责任校对：赵丽敏
责任印制：宋 林

出版发行：清华大学出版社
网 址：https://www.tup.com.cn，https://www.wqxuetang.com
地 址：北京清华大学学研大厦 A 座 邮 编：100084
社 总 机：010-83470000 邮 购：010-62786544
投稿与读者服务：010-62776969，c-service@tup.tsinghua.edu.cn
质量反馈：010-62772015，zhiliang@tup.tsinghua.edu.cn
印 装 者：北京嘉实印刷有限公司
经 销：全国新华书店
开 本：145mm×210mm 印 张：5.375 字 数：124 千字
版 次：2023 年 4 月第 1 版 印 次：2024 年 5 月第 4 次印刷
定 价：49.00 元

产品编号：097701-01

总 序

2018年5月，当我在公众号写下第一篇关于相对论的科普文章时，不会想到有一天我的文字会以纸质书的形式出现，更加想不到不只出版一本，而是会有一个系列。

其实，早在2019年2月，清华大学出版社的胡编辑就找到我，说相对论系列的文章写得不错，问我是否考虑出书。那时候我的文章还都是一些短文，质量也一般(相对后来的主线长文来说)，因此就拒绝了。

我的第一篇长文是从谈“宇称不守恒”开始的。一开始我也没打算把文章写得特别长，只是发现为了把宇称不守恒讲清楚，就需要费不少笔墨。然后这篇文章就火了，它在知乎被推上热榜，在微信公众号被很多“大号”转载，阅读量也随之暴涨，我突然发现原来这种深度长文还是很受欢迎的。于是趁热打铁，继续科普杨振宁先生更加重要的杨-米尔斯理论，然后这篇文章就更火了。因为杨振宁先生和清华大学的关系非同一般，所以这两篇文章在清华大学传播得还挺广，随后胡编辑就“二顾茅庐”了。

经此一役，我彻底确定了自己的文风。我发现与其为了追求更新频率写一些短文，还不如花精力把一个问题彻底讲透，打磨一篇长文。虽然文章的更新频率降低了，但文章质量却有了极大的提高，影响力也更大了，我称这种高质量长文为“主线文章”。

与此同时，我发现了一件更加重要的事：当我试图把一个问题彻底讲清楚，特别是想给中小学生也讲清楚的时候，文章的语言就必须非常通俗，逻辑就必须非常缜密，这个过程会倒逼我把问题想得非常清楚。因为你只要有一点想不明白，科普的时候就会发现难以说清楚，问题也就暴露出来了，于是我们就可以针对这一点继续学习。如果没有这个过程，我们无法知道自己到底哪里不懂，学的时候感觉都懂了，一考试又不会，跟别人讲也讲不清楚。这种以输出倒逼输入，以教促学，能极大提高自己学习效率的方法在《礼记·学记》里叫“教学相长”，在现代有一个很时髦的名字叫“费曼学习法”。

从此以后，我就迷上了写这种主线长文。2019 年 5 月，我写了第一篇关于相对论的主线文章。因为爱因斯坦主要是从协调牛顿力学和麦克斯韦电磁理论的角度创立狭义相对论的，为了把这个过程理得更清楚，我从 2019 年 7 月开始连续写了 3 篇关于麦克斯韦方程组的文章。又因为麦克斯韦方程组是用微积分的形式写的，我在 2019 年 12 月又写了关于微积分的主线文章。也就是说，整个 2019 年，我一共写了 6 篇主线长文，文章的数量虽然大幅度减少了，但影响力却大大提高了。

进入 2020 年，我继续写关于相对论的主线文章。为了把爱因斯坦创立狭义相对论的过程搞清楚，我基本上把市面上所有相关的书籍都买了回来，在网上查询各种论文和资料，花了大半年时间写了两篇共约 5 万字的主线文章。这虽然是两篇科普文章，但我却感觉是用通俗的语言完成了一篇科学史论文。与此同时，胡编辑“三顾茅庐”希望出版，但我仍然拒绝了。一来我觉得狭义相对论的内容还没写完，二来我不知道这样出书的价值在哪里，大家在手机里不一样可以看文章么？于是我继续埋头写文章，不管出书的事。

写完关于狭义相对论的三篇主线文章以后，不知道出于什么原因（好像是因为听到很多朋友说自己的孩子到了高中就觉得物理很难，不怎么喜欢物理了），我决定先写一篇关于高中物理的主线文章，帮助中学生从更高的视角看清高中物理的脉络，顺便也应付一下考试。这篇字数高达4.5万的文章于2021年1月完成，它是我第一篇阅读量“10万＋”的文章，也第一次让我知道原来公众号最多只能写5万字。因为这篇文章的读者主要是中学生，而中学生又不能随时看手机，所以，当胡编辑再次跟我建议以这篇文章为底出一本面向中学生的科普书时，我同意了。

于是，2021年3月我将书稿交给清华大学出版社，长尾科普系列的第一本书《什么是高中物理》就在2021年8月正式出版了。在此之前，很多家长都是把我的文章打印下来给孩子看的，整个过程麻烦不说，阅读体验也不好，现在就可以直接买书了。有了纸质书，大家还可以很方便地送亲戚、送朋友、送学生，反而拓宽了读者范围。这件事情也让我意识到：如果想让中小学生尽可能多地看到我写的东西，那出书就是一项非常重要而且必要的工作。于是，我的出书进程加快了。

当我在2021年5月完成了质能方程的主线文章后，狭义相对论的部分就完结了，于是就有了长尾科普系列的第二本书《什么是相对论（狭义篇）》。接着，我又花了近一年时间，于2022年4月完成了关于量子力学的科普文章，这就是长尾科普系列的第三本书《什么是量子力学》。再加上2019年就写好了的三篇关于麦克斯韦方程组的长文，第四本书《什么是麦克斯韦方程组》也出来了。

如此一来，到了2023年，我一共出版了四本书，“长尾科普系列”初具雏形(想查看该系列的全部书籍,可以看看本书封底后勒口的“长尾科普系列”总目录,或者在公众号“长尾科技”后台回复“出书”)。当然,既然是系列,那后面就肯定还有更多的书,它们会是什么样子呢?

很明显,我现在对相对论和量子力学非常感兴趣。我写了很多关于狭义相对论的文章,为了更好地理解狭义相对论,我就写了麦克斯韦方程组,为了更好地理解麦克斯韦方程组,我又写了微积分,这就是我写文章的内在逻辑。现在狭义相对论写完了,那接下来自然就要写广义相对论,对应的书名就是《什么是相对论(广义篇)》。而广义相对论又跟黑洞、宇宙密切相关,所以后面肯定还要写与黑洞和宇宙学相关的内容。

此外,量子力学我才刚开了一个头。《什么是量子力学》也只是初步介绍了量子力学的基本框架,那后面自然还要写量子场论、量子力学的诠释、量子信息等内容,最后再跟广义相对论在量子引力里相遇。总的来说,相对论和量子力学的后续文章还是比较容易猜的,我依然会用通俗的语言和缜密的逻辑带领中小学生走进现代科学的前沿。至于数学方面,我一般都是科普物理时用到了什么数学,就去写相关的数学内容。

我对“科学”这个概念本身也极感兴趣。科学这个词在现代已经被用滥了,大家说一个东西是“科学的”,基本上是想说这个东西是“对的,好的,合理的”,它早已经超出了最开始狭义上自然科学的范畴。在这样的语境下,我们反而难以回答到底什么是科学了。所以,我希望能够像梳理爱因斯坦创立狭义相对论的历史那样,把“科学到底是怎么产生的”也梳理清楚,然后再来回答“什么是科学”。而大家也知道,追溯科学产生的历史就不可避免地要追溯到古希腊哲学,所以我又得去学习和梳理西方哲学,这样一来工作量就大了。

因此，光是想想上面两部分内容，我估计没有一二十年是搞不定的，“长尾科普系列”实在是任重而道远。好在我自己倒是非常喜欢这样的学习和思考工作，并且乐此不疲，时间长就长一点吧。

最后，我一直非常重视中小学生这个群体，很希望他们也能读懂我的文章，毕竟他们才是国家科学的未来。因此，我会在不影响内容深度的前提下，不断尝试提高文章的通俗度，降低阅读门槛，努力在科普的深度和通俗度之间做到一个合适的平衡。就目前的效果来看，现在这种形式大概可以做到让中学生和部分高年级小学生能看懂，再往下就会有点吃力了。因此，如果还想进一步降低阅读门槛，让科学吸引更多的人，那就得尝试一些新的表现形式了。比如，我可以尝试把爱因斯坦创立相对论的过程用小说的形式表现出来，将自然科学的观念放在小说的背景里潜移默化地影响人，量子世界的各种现象其实也很适合侦探小说的形式，这些想想就很刺激。更进一步，如果可以通过这样的方式将科学思想、科学精神影视化，那影响范围就进一步扩大了。

想远了，不过这确实是我远期的想法。梦想总是要有的，万一有时间去实现呢？至于以后“长尾科普系列”会不会包含这方面的内容，那就只有交给时间来证明了。

长尾君

目　录

第1篇　量子力学是什么

第 2 篇　不确定性原理到底在说什么

第 1 篇

量子力学是什么

提到量子力学，很多人的第一反应是微观、不连续、不确定，然后就是奇怪、诡异，甚至恐怖。

有这样的想法并不奇怪，毕竟，它跟经典物理的确不太一样，大家也乐于相信玻尔说的：“如果谁不为量子力学感到困惑，他就还没理解它。”

许多文章、视频也喜欢把量子力学往这个方向上引，大肆宣扬“看一眼”决定猫的生死，告诉你双缝实验有多“恐怖”，把意识和量子力学扯在一起，等等。于是，量子力学在大众眼里就越来越奇怪，越来越诡异，越来越恐怖了。

双缝干涉实验

其实，量子力学并不奇怪，许多人觉得它奇怪，主要是因为他们总是从经典力学的视角看量子力学，就像古人眼里的闪电也很奇怪一样。

我们从小就浸泡在经典世界里，很多经典观念已经成了潜意识的一部分，这样去看量子世界，自然会觉得它很奇怪。但是，如果转换一下视角，尝试从量子力学的视角去看量子世界，就会发现其实一切都很自然。

那么，如何从量子力学视角看待量子世界呢？

想了解量子力学看待世界的方式，我们就得先搞清楚经典力学看待世界的方式。只有清楚经典力学是如何看待世界的，我们才能知道哪些观念是经典力学特有的，哪些观念进入量子力学之后需要修改，从而知道如何建立全新的量子世界观。

那么，经典力学的世界到底是什么样的呢？

（本书中提及长尾君所撰写的文章，均可以在“长尾科技”公众号中查阅。）

注：本书的态矢量、算符按照量子力学类书籍习惯，以白体表示。

01 经典力学的世界

大家在中学都学过牛顿力学，在牛顿力学里，想知道一个物体会如何运动，就要看它受到了什么力 F，然后利用牛顿第二定律 $F=ma$ 计算它的加速度 a。算出了加速度，我们就能知道物体的运动状态会如何变化，就能根据物体此刻的状态（比如物体处于什么位置，速度是多少）算出它下一刻的状态。

也就是说，在牛顿力学里，只要我们掌握了物体的受力情况，就能根据物体的初始状态知道它任意时刻的状态。比如，我们知道苹果下落是因为受到了地球的引力，知道引力就能知道苹果下落的加速度，然后知道苹果在任意时刻的速度和位置[①]。

这是一个非常典型的例子，大家也习惯于这样去处理物体的运动。但是，在这种非常自然的处理方式里，却暗含了一个极为重要的假设：苹果在某个时刻肯定在空间中的某个地方，也肯定有一个确定的速度，不管我们有没有去测量。

什么意思？

我们测量苹果的位置和速度，肯定会得到一个数值。而且，无论是谁去测，测量多少次都不会改变这个结果。不可能说张三测

---

① 想了解更具体的情况，可以参考我的另一本书《什么是高中物理》。

量苹果在树上,李四去测,苹果就跑到了地上,顶多就是测量仪器会产生一点误差。

也就是说,经典力学认为:苹果的力学量在任何时刻都有确定的取值,它的位置和速度都是确定的,跟测不测量,如何测量没有关系。不管谁去测,也不管怎么测,测多少次,测量结果在误差范围内应该都一样,因为我们都确信苹果有一个确定的位置和速度,而测量只不过是想知道这个确定的值是多少而已,这是我们的基本常识。

如果这时有个人跑来跟你说:“不对,苹果没有确定的位置和速度,想知道苹果在哪里就得去测量,测量结果是哪里就在哪里。而且,不同人测量的结果完全可以不一样,可能张三测得苹果在树上,李四却测得苹果在地面。”你肯定认为这个人疯了。

是的,任何力学量在任何时刻都有确定的取值,而且跟测量无关,这是经典力学刻在我们灵魂深处的信念。但是,这种信念真的绝对可靠吗?有没有可能它并没有想象中的那么天经地义?

带着这样的疑问,我们来看一看大名鼎鼎的施特恩-格拉赫实验。

02 施特恩-格拉赫实验

既然你觉得力学量在任何时刻都有确定的取值，而且跟测量无关。那我们就来做个实验测一下，测什么呢？测量银原子的自旋。

我们先不用管自旋是什么，只要知道这是粒子的一个固有属性，像质量和电荷一样就行了（图 2-1）。

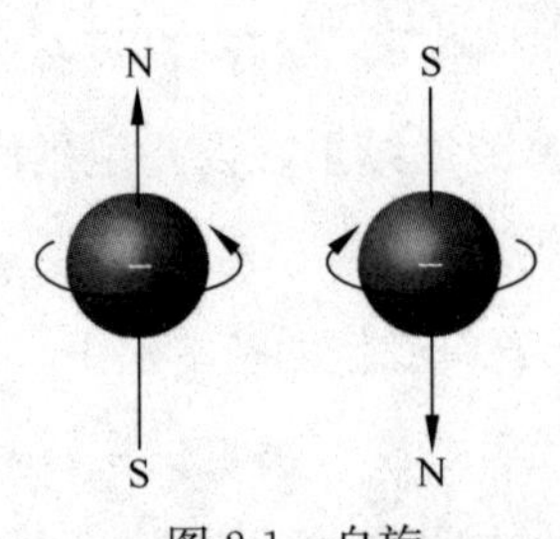

图 2-1　自旋

然后，大家要知道银原子的自旋在任何方向上都只能取两个值，我们记为向上和向下。也就是说，在任何方向测量银原子的自旋，结果都只可能是两个：要么向上，要么向下，没有其他值了。

知道了自旋以及它的取值，我们就可以开始测量了，用什么测呢？用磁场，准确地说是不均匀磁场。

我们让银原子通过不均匀磁场，银原子就会发生偏转，不同自旋会有不同的偏转方向。我们约定：如果银原子向上偏转，就说它自旋向上；如果银原子向下偏转，就说它自旋向下。当然，这个对应关系并不重要，我们只要知道不同的自旋会有不同的偏转就行了。

另外，之所以选择自旋，并不是因为自旋有多特殊，而是因为它足够简单，把自旋换成位置、动量也是一样的(图 2-2)。

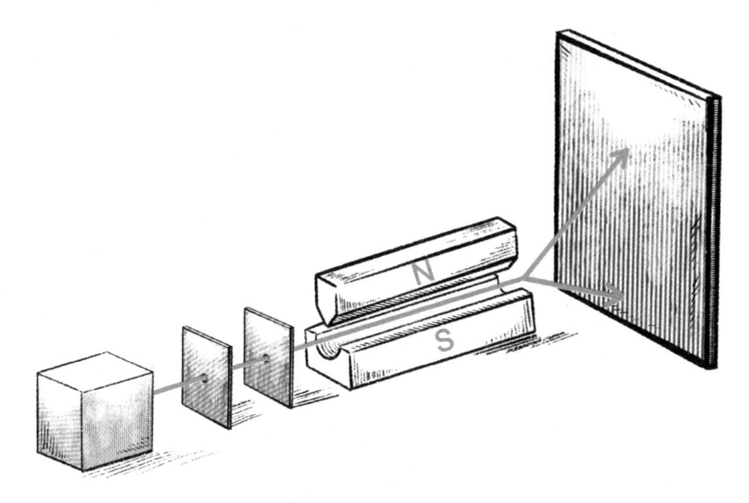

图 2-2 施特恩-格拉赫实验装置图

然后，我们就可以开始实验了。

首先，我们在 z 方向加一个磁场(以后没有特别声明，文中的磁场均指不均匀磁场)，然后让一束银原子通过这个磁场。

由于银原子有很多，有的自旋向上，有的自旋向下，不同自旋的银原子在磁场中的受力不一样，所以偏转方向也不一样。于是，这束银原子在 z 方向上就分裂成了两束(图 2-3)。

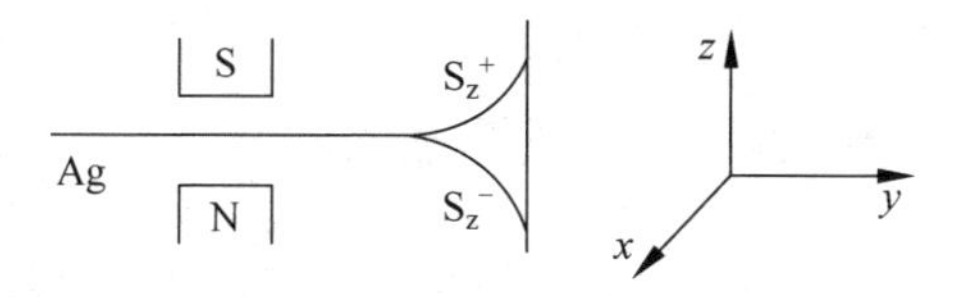

图 2-3 施特恩-格拉赫实验

接下来，就是精彩的级联施特恩-格拉赫实验了。

03 级联施特恩-格拉赫实验

所谓级联施特恩-格拉赫实验，顾名思义，就是在原实验的后面再加上磁场，继续做实验。而后面加的磁场，可能与原磁场方向相同，也可能不同。

这些级联施特恩-格拉赫实验一共有三组，我们来分别看一下。

第一组实验：我们先让银原子通过 z 方向磁场，银原子分裂成了两束（原实验）。然后，我们把下面那束银原子挡住，让上面那束再次通过 z 方向磁场（图 3-1）。

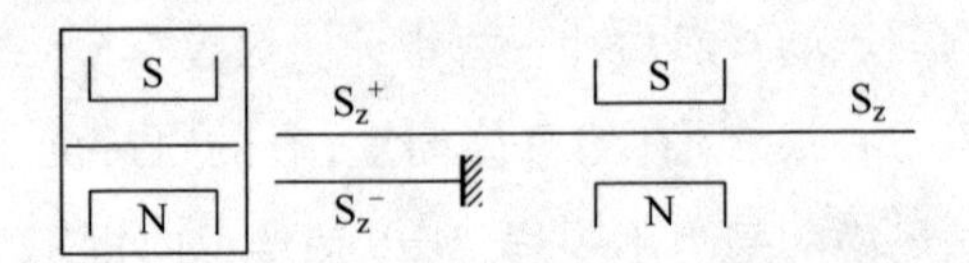

图 3-1　第一组级联施特恩-格拉赫实验

大家猜结果会怎么样？

这个结果很好猜，因为银原子通过了一次 z 方向磁场，并分裂成了两束。那么，上面那束银原子在 z 方向的自旋就应该都一样（都自旋向上），让它们再次通过 z 方向磁场，它们应该都向上偏转，因而不会分裂。

没错，实验结果也的确是这样：让 z 方向分裂的银原子的其中

一束再次通过 z 方向的磁场后，它们没有再次分裂。

接下来，我们再看第二组实验。

第二组实验：还是让银原子先通过 z 方向磁场，分裂成两束后，继续让上面那束银原子再次通过一个磁场。不同的是，这次通过的不是 z 方向磁场，而是 x 方向磁场。

结果，我们看到银原子又分裂成了两束(图 3-2)。

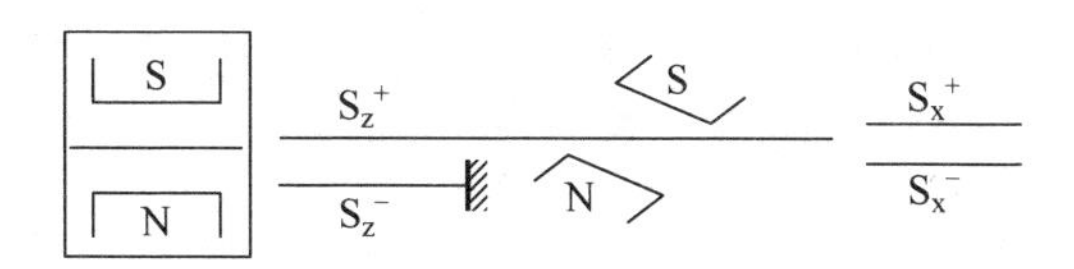

图 3-2　第二组级联施特恩-格拉赫实验

也就是说，被 z 方向磁场“筛选”过一次的银原子，虽然在 z 方向的自旋一样，但在 x 方向的自旋好像并不一样。

这个结果虽然有点意外，但多多少少也可以接受。因为，你可能会认为所有的银原子在 z 方向和 x 方向上都有一定的取值。第一个磁场把所有 z 方向自旋向上的银原子筛选了出来，第二个磁场则把所有 x 方向自旋向上的银原子筛选了出来。

这就好比选拔考试，每次从不同的维度筛选一批人。第一轮只有品行好的能通过，第二轮只有学习好的能通过，那么，通过两轮筛选的就都是品学兼优的人了。

同理，你现在可能会认为：通过了 z 方向和 x 方向两轮筛选的银原子，肯定都是在 z 方向自旋向上，在 x 方向也自旋向上的银原子。这些银原子都是历经两轮筛选的“精英”，它们都很纯了，以后不管是经过 z 方向磁场还是 x 方向磁场，它们都是自旋向上，因而肯定不会再分裂了。

带着这样的想法，我们进行了第三组实验。

第三组实验就是在第二组实验装置的后面再加了一个 z 方向磁场。也就是说，银原子经过 z 方向磁场后分裂成了两束，我们让其中一束经过 x 方向磁场(同第二组实验)。再次分裂后，我们又让其中的一束银原子再次经过 z 方向磁场。

原本，我们以为银原子经过两轮筛选之后，在 z 方向和 x 方向都自旋向上，再次通过 z 方向磁场时肯定不会再分裂。

但是，实验结果却让所有人震惊了：它——居——然——再——次——分——裂——了！(图 3-3)

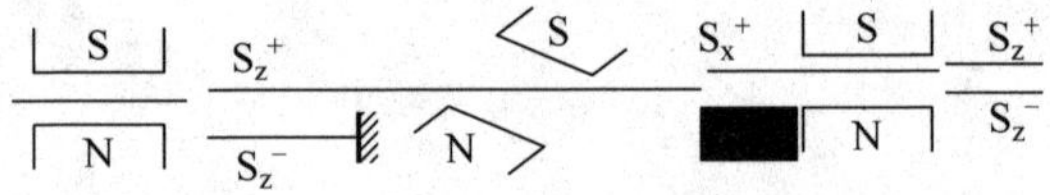

图 3-3　第三组级联施特恩-格拉赫实验

这是一次让人震惊的分裂，这是一次让人百思不得其解的分裂，这是一次彻底与经典力学划清界限的分裂，这是宣告量子力学来临的分裂。

你尽可以去思考它再次分裂的原因，但是，只要你还在用经典力学的思维思考问题，你是找不到出路的。或者说，只要你能意识到这个分裂的核心原因，你就已经站在了量子力学的大门口。

为什么？

04 实验初分析

你仔细想想第三组实验，还是用选拔考试打比方。我们第一轮挑选出了品行好的（z 方向自旋向上），第二轮挑选出了学习好的（x 方向自旋向上），这时候，你再对这群品学兼优的人进行测试，按理说，不管是测品行（z 方向）还是测学习（x 方向），他们都应该是优秀（自旋向上）。但测试结果却显示：当我们对这群品学兼优的人再次测品行（z 方向）时，他们竟然又分成了两拨人（在 z 方向上分裂成两束），这如何不让人震惊？

但震惊归震惊，实验的的确确发生了，不管你愿不愿意相信，现实就摆在眼前。

那么，问题到底出在哪里？到底是哪一个环节出了问题？一群已经通过两轮测试而品学兼优的人，再次测品行时，为什么又会分成两拨人呢？

有人说，是不是第一轮测试和第二轮测试的标准不一样？比如，第一轮测试时品行标准低一些，第二轮测试时品行标准高一些，于是，那些通过了第一轮测试的人的确有可能无法通过第二轮测试，进而导致第二轮测试时再次发生分裂（z 方向上的再次分裂）。

听起来很有道理，但在实验里是不可能的。原因很简单，我们在实验里是用磁场测量银原子的自旋，而磁场都是一样的。你可以怀疑选拔考试的裁判不公正，但你总不能说磁场也不公正吧？

因此，如果你打算在测试环节找问题，那对不起，此路不通！测试环节没问题，那就只能在被测的人身上找原因了。

如果两轮测试环境完全一样，而一个人在第一轮测试时品行优秀，在第二轮测试时却品行卑劣，那就只能说明：这个人在第一轮测试时确实品行优秀，但到第二轮测试时就变成品行卑劣的了。测试标准没有变，那变的就只可能是这个人了，是他自己从品行优秀变成了品行卑劣的人。

我知道很多人难以接受这样的结论，同样的人，只不过先后经历了两轮测试，怎么就变了呢？当然，我们可以说人心隔肚皮，他在两轮测试中的确变了也未可知。但是，人心可以变，银原子的自旋状态是由物理定律支配的，它怎么能说变就变呢？在第三组实验里，同样是测量银原子在 z 方向的自旋，第一次测量时还是自旋向上，为什么第二次测量时就自旋向下了？如果我们把自旋换成位置，那这个事情就变成了：第一次测量银原子的位置时，它在北京；第二次测量银原子的位置时，它变成了武汉，这太荒谬了！

在我们的潜意识里，一个物体在哪里就是在哪里，它的位置是确定的，无论谁去测量、测量几次，结果应该都一样。在误差范围内，不可能一个人测得它在位置 A，另一个人却测得它在位置 B。

但是，喜欢看侦探小说的朋友肯定听过福尔摩斯的一句话："当你排除了一切不可能的情况，剩下的，不管多难以置信，那都是事实！"

因为外部测试环境一模一样，z 方向的磁场也一模一样，所以，造成前后两次测量结果不一样的原因，就不可能是来自外部环境，而必须是来自内部。必须认为是被测人的状态发生了改变（从品行优秀变成了品行卑劣），必须认为是银原子的状态发生了改变（从 z 方向自旋向上变成了自旋向下），我们才能解释上面的实验现象。

也就是说，不管你愿不愿意相信，你都必须接受"银原子在 z 方向上的自旋状态确实发生了改变"这一事实，这样两次测量结果才会不一样。而这是经典力学绝对不相信的，所以，经典力学无法解释施特恩-格拉赫实验。

05 新的力学

那么，银原子在 z 方向的自旋状态为什么会发生改变呢？状态改变了，当然是受到了其他因素的影响，受什么影响呢？

我们再看看第一组级联施特恩-格拉赫实验：如果银原子通过 z 方向磁场后发生了分裂，我们让其中一束再次通过 z 方向磁场，它是不会分裂的。

但是，到了第三组实验，我们只不过在第一组实验的两个 z 方向磁场之间再加了一个 x 方向磁场，然后，第二次通过 z 方向磁场的银原子就分裂了。第一组没分裂，中间加了一个 x 方向磁场（第三组）以后就分裂了，这样一对比就会发现：能够影响银原子 z 方向自旋状态的，就只可能是中间测量银原子在 x 方向自旋这个操作了。

也就是说，测量银原子在 x 方向的自旋竟然影响了银原子在 z 方向的自旋状态。测量会影响系统状态，这可新鲜了。

在经典力学里，系统状态一旦确定，所有力学量的取值就都确定了，测量只不过是把这些值读取出来，并不会影响它们。我们去测量一个苹果，它的位置和动量都是确定的，不论谁去测量、测量几次，都不会改变苹果的位置和动量。当你去测量苹果的位置时，也不会影响苹果的动量。

但是，第三组级联施特恩-格拉赫实验却告诉我们：通过第一个 z 方向磁场后，上面那束银原子都自旋向上。通过第二个 z 方向磁场后，原来自旋向上的银原子竟然有一部分变成自旋向下（所以才会分裂）。中间测量 x 方向自旋的操作的确改变了银原子在 z 方向上的自旋状态，这在经典力学里是不敢想象的。

到了这里，相信大家也看出来了：如果我们想描述施特恩-格拉赫实验，就必须发展出一套全新的力学体系，因为这个实验展现出来的特性已经跟经典力学的根本观念发生了冲突。在这种全新的力学体系里，"测量"将具有完全不同于它在经典力学里的含义，它不再是简简单单地把某个确定的值读出来，而是会改变系统的状态，会参与到系统的演化中去的。

这种全新的力学，自然就是大名鼎鼎的量子力学。

06 测量与状态

意识到“测量会改变系统状态”是一个关键点，但仅仅知道这些还不够。你知道测量可以改变系统状态，那测量是如何改变系统状态的呢？系统原来处于这个状态，测量之后又会变成什么状态呢？你得把这些都搞清楚了才行。

怎么搞清楚呢？当然还是回到施特恩-格拉赫实验。

我们再看一遍第三组实验。一开始，银原子杂乱无序，什么状态都有，它们经过第一个 z 方向磁场后分裂成了两束。这时候，我们可以保守地下一个结论：向上偏转的那束银原子都自旋向上，向下偏转的那束银原子都自旋向下。

这个结论看起来很有道理，但对不对呢？我们刚刚踏进量子力学大门，下任何结论都要万分谨慎，因为以前的直觉到现在不一定还有效。我们想判断向上偏转的银原子是否都自旋向上，不能凭感觉，得去测量。

怎么测量呢？你想知道银原子在 z 方向的自旋状态，让它通过 z 方向的磁场就好了。如果向上偏转的那束银原子在 z 方向的确都自旋向上，那它们再次通过 z 方向磁场时就不会分裂。

这个实验其实我们已经做过了，它就是第一组级联施特恩-格拉赫实验（让通过 z 方向磁场的银原子再次通过 z 方向磁场）。实验结果也很清楚：它的确没有分裂(图 3-1)！

这样，我们才能下结论：在第三组实验里，银原子通过第一个 z 方向磁场之后，向上偏转的那一束的确都自旋向上。

但是，这束银原子通过 x 方向磁场后，再次通过 z 方向磁场时，竟然又分裂了(最后那次分裂)。也就是说，经过第一个 z 方向磁场后，银原子都自旋向上。但是，在经过第二个 z 方向磁场前，它们又变成了自旋向上和自旋向下都有的状态(只有这样，通过磁场后才会分裂)，为什么会这样？

很明显，夹在这两个 z 方向磁场之间的只有一个 x 方向磁场，那这种变化就只可能是这个 x 方向磁场导致的。所以，第三组级联施特恩-格拉赫实验告诉了我们这样一个事实：银原子通过 x 方向的磁场后，它们就从 z 方向全部自旋向上的状态，变成了 z 方向自旋向上和自旋向下都有的状态。

07 死结

这个结论虽然有点奇怪，但接受起来似乎也没那么困难，因为我们已经接受了“测量会改变系统状态”这个观点。那么，测量 x 方向自旋会稍微影响一部分银原子在 z 方向的自旋状态也不足为怪。

但是，事情有这么简单吗？我们继续往下挖。

如果测量 x 方向的自旋会影响一部分银原子在 z 方向的自旋，让原来都是自旋向上的银原子变成一部分自旋向上，一部分自旋向下，然后就有了后面的分裂。那么，问题来了：它会让哪一部分银原子的状态发生变化呢？

大家都是平等的银原子，现在有人说“你们挑一部分出来变成自旋向下”，那挑哪一部分呢？仔细一想，你会发现挑哪一部分大家都会不服气，因为既然大家都一样，那凭什么选中他而不是我呢？

为了把这个矛盾更加尖锐地暴露出来，我们再做一个假设：假设通过 x 方向磁场的银原子不是一束，而是一个，你猜结果会怎么

样？通过 x 方向的磁场后，这个银原子在 z 方向的自旋会是向上还是向下？

你敢肯定一定是自旋向上吗？不，你不敢！因为我是随机取的一个银原子，如果你敢肯定这个银原子在通过 x 方向磁场后在 z 方向的自旋一定是向上，那其他银原子是不是也都可以"同理可得"？如果所有的银原子通过 x 方向磁场后，在 z 方向的自旋都变成了向上，那第二次通过 z 方向磁场后就不会有最后的那个分裂了。同理，你也不敢肯定这个银原子在通过 x 方向磁场后，它在 z 方向的自旋一定向下。

但是，这束银原子在通过 x 方向磁场后，的确变成了在 z 方向自旋向上和自旋向下都有的状态，否则，它们第二次通过 z 方向磁场后就不会再分裂。

也就是说，面对完全相同的一束银原子，通过同样的磁场之后，你既不能肯定某个银原子一定自旋向上，也不能肯定它一定自旋向下。但是，这束银原子又必然包含了自旋向上和自旋向下两种状态，这样才会有后面的分裂。

这看上去是一个死结，是一个无解的题目，因为这些银原子的状态都一样。但是，对其中的每一个银原子来说，它既不能是自旋向上，也不能是自旋向下。而实验结果又要求这束银原子里必须包含了自旋向上和自旋向下两种状态，否则第二次通过 z 方向磁场后就不会再分裂，这怎么看都自相矛盾！

那我们该怎么办呢？

看起来确实是身处绝境，但绝缝中还有一丝可能性，虽然这种可能性看起来太过石破天惊，太过不可能，但除此之外似乎也别无他法。这种可能性就是：我们只能假设每个银原子本身就具有自旋向上和自旋向下的状态，它本身就处在自旋向上和自旋向下的叠加态。

08 叠加态

什么意思？意思就是，我们不能再非黑即白地看待银原子的自旋。不能认为一个银原子要么自旋向上，要么自旋向下，它也可以同时具备这两种状态，处于它们的叠加态。去测量银原子的自旋，结果就既可能自旋向上，也可能自旋向下，一人分饰二角。

只有这样，我们才能既满足“所有银原子的状态都一样”（都是自旋向上和自旋向下的叠加态），又满足“包含自旋向上和自旋向下两种状态”，从而解开上面的死结。

以前，你以为一个人要么是步兵，要么是炮兵。现在，你发现他还可以是特种兵，可以既是步兵又是炮兵。一群特种兵，一样可以根据战场需求“分裂”成步兵队和炮兵队，就像银原子第二次通过 z 方向磁场后分裂一样。

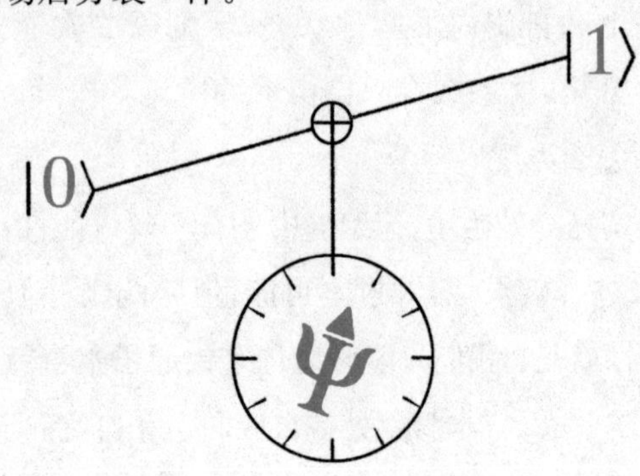

如果银原子既可以处于自旋向上的状态，也可以处于自旋向下的状态，还可以处于自旋向上和自旋向下的叠加态，那我们就可以认为通过 x 方向磁场后的每个银原子都是处于 z 方向自旋向上和自旋向下的叠加态。于是，第二次通过 z 方向磁场时，每个银原子都既可能向上偏转，也可能向下偏转，这样就分裂成了两束。

这里的核心要点是：第二次通过 z 方向磁场前，并不是有一半的银原子自旋向上，一半的银原子自旋向下，通过磁场后自旋向上的那一半向上偏，自旋向下的那一半向下偏；而是每一个银原子都处于自旋向上和自旋向下的叠加态（状态都一样），每一个银原子在通过 z 方向磁场前都不知道自己将会向上偏还是向下偏，只有通过磁场以后才知道。

虽然这两种情况都会让银原子分裂成两束，但本质却完全不同：前者并非每个银原子的状态都一样，而且每个银原子的自旋都是确定的，这在经典力学里也能出现；后者是每个银原子的状态都一样，都处于叠加态，这是量子力学才有的情况。

这样，我们就通过引入“叠加态”解开了那个死结，用一种比较合理的方式解释了第三组级联施特恩-格拉赫实验。

跟叠加态相对，我们把银原子处于确定的自旋向上或自旋向下的状态称为本征态。也就是说，现在的银原子可以处于自旋向上本征态、自旋向下本征态以及自旋向上和自旋向下的叠加态。

09 回顾实验

引入了叠加态和本征态，我们再来看一遍第三组级联施特恩-格拉赫实验(图 3-3)。

银原子第一次经过 z 方向磁场后分裂成了两束，上面那束银原子自旋向上(因为第一组级联实验告诉我们，这束银原子再次通过 z 方向磁场后不会分裂)，也就是都处于 z 方向自旋向上的本征态。

我一再强调，“测量”在量子力学里具有完全不同于它在经典力学里的意义，它不再是一个单纯的显示器，而是要参与到系统演化中来。

我们让银原子通过 z 方向磁场，这就是一次测量，测量什么呢？测量银原子在 z 方向的自旋。通过第一个 z 方向磁场前，银原子处于什么状态我们不知道，但经过磁场的测量后，向上偏转的那束银原子就处于 z 方向自旋向上的本征态，向下偏转的那束银原子处于 z 方向自旋向下的本征态。

于是，我们发现：测量银原子 z 方向的自旋，会让银原子从原来的状态变成 z 方向的自旋本征态，测量会这样改变系统的状态。

通过了第一个 z 方向磁场，上面那束银原子接下来要通过 x 方向磁场。同样，我们有理由相信，让银原子通过 x 方向磁场也会让它从原来的状态变成 x 方向的自旋本征态。

通过 x 方向磁场后，银原子又分裂成了两束，很显然，向上偏转的处于 x 方向自旋向上本征态，向下偏转的处于 x 方向自旋向下本征态。而这束银原子能分裂，就说明它们在通过 x 方向磁场前必然是处于 x 方向自旋向上和向下的叠加态。

于是，我们就把银原子通过 x 方向磁场前后的状态都搞清楚了：通过 x 方向磁场前，银原子处于 x 方向的自旋叠加态，同时还处于 z 方向自旋向上的本征态（因为刚通过第一个 z 方向磁场）；通过 x 方向磁场后，银原子处于 x 方向自旋本征态。

也就是说，通过 x 方向的磁场后，银原子在 x 方向的自旋确实从叠加态变成了本征态，那 z 方向的自旋呢？通过 x 方向磁场前，银原子在 z 方向处于自旋本征态，那么，通过 x 方向磁场后，它在 z 方向的自旋会不会发生改变呢？

10 不对易

乍一看，这个问题有些奇怪：我们让银原子通过 x 方向磁场，测量的是银原子在 x 方向的自旋，影响 x 方向的自旋就罢了，z 方向上的自旋来凑什么热闹？z 方向的自旋还是应该保持不变，通过 x 方向磁场前在 z 方向是自旋本征态，那通过后就继续保持本征态好了，别瞎凑热闹。

但是，仔细一想我们就发现不对劲了：在第三组实验里，通过 x 方向磁场的银原子接下来会第二次通过 z 方向磁场，并且发生分裂。银原子通过第二个 z 方向磁场后分裂了，就说明银原子在通过第二个 z 方向磁场前必然是处于 z 方向的自旋叠加态。

而通过第二个 z 方向磁场前跟通过 x 方向磁场后是同一时刻，那么，在通过 x 方向磁场前后，银原子在 z 方向的自旋状态也都清楚了：通过 x 方向磁场前，银原子处于 z 方向自旋向上本征态；通过 x 方向磁场后（第二个 z 方向磁场前），银原子处于 z 方向的自旋叠加态。

也就是说，测量银原子 x 方向的自旋（通过 x 方向磁场），不仅让银原子在 x 方向上从叠加态变成了本征态，也让银原子在 z 方向上从自旋向上本征态变成了叠加态。

这是一个在经典力学看起来完全不可理喻的结论，测量银原

子 x 方向上的自旋，影响 x 方向的自旋就罢了，为什么还要影响 z 方向的自旋呢？

此外，如果测量 x 方向的自旋会影响 z 方向的自旋，那它还会影响其他力学量吗？ y 方向的自旋会不会被影响？动量、位置、能量会不会被影响？如果测量一个力学量，所有的力学量都要被影响，那岂不天下大乱了？

还好，事情并没有乱到如此不可收拾的地步，测量 x 方向的自旋虽然会影响 z 方向的自旋，但它并不是谁都招惹，它只招惹跟它不对易的力学量。

如果两个力学量是对易的，它们就互相独立，先测量谁后测量谁不影响结果，它们可以有共同的本征态，可以同时测准；如果两个力学量不对易，它们就不独立，一般来说，先测量谁后测量谁结果就不一样，它们没有共同的本征态，无法同时测准。

很显然，x 方向自旋和 z 方向自旋就不对易，所以测量 x 方向自旋会影响 z 方向自旋。测量 x 方向自旋后，银原子就处于 x 方向自旋本征态，同时也处于 z 方向的自旋叠加态。这时候，测量 x 方向自旋有确定值，测量 z 方向自旋就没有确定值了。

因此，如果两个力学量不对易（比如 x 方向和 z 方向自旋，位置和动量），它们就没法同时处于本征态。系统处于一个力学量的本征态，测量这个力学量时能测准，另一个力学量就会因为处于叠加态而测不准。于是，我们就没法同时测准它们，这就是所谓的不确定性原理。

当然，关于不确定性原理，这里只顺便提一下，我在本书的第二篇会详细讨论这个话题。现在我们只要知道测量 x 方向的自旋不仅会让银原子处于 x 方向本征态，也会影响 z 方向自旋，让银原子在 z 方向从自旋向上本征态变成叠加态就行了。

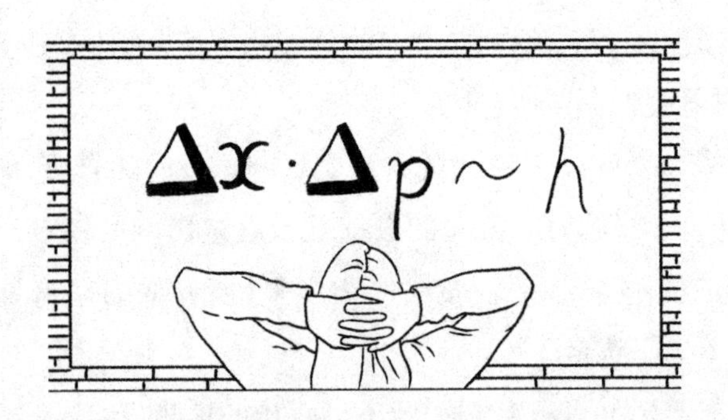

这样，第三组级联施特恩-格拉赫实验就可以完全解释得通了：银原子通过第一个 z 方向磁场后变成了 z 方向自旋本征态，向上偏转的那束银原子通过 x 方向磁场后变成了 x 方向自旋本征态。与此同时，由于 z 方向和 x 方向的自旋不对易，它们无法同时处于本征态，所以，当银原子处于 x 方向自旋本征态的同时，它在 z 方向就会从自旋向上本征态变成叠加态。

于是，处于 z 方向自旋叠加态的银原子通过第二个 z 方向磁场后自然就分裂了，这就是让经典力学百思不得其解的那个分裂。

至此，施特恩-格拉赫实验就全部解释通了。

11 量子力学

可以看到，为了解释施特恩-格拉赫实验，我们引入了许多全新的假设。我们假设银原子可以处于自旋向上和自旋向下的叠加态，假设测量会影响系统的状态，假设如果两个力学量不对易，测量一个力学量会影响另一个的情况……

这些假设已经完全超出了经典力学的范畴，但根据施特恩-格拉赫实验，你又会发现非如此不可。物理学家其实是很保守的，但凡经典物理修修补补还能用，大家也不至于"掀桌子"，量子力学其实是被逼出来的。

有了这些全新的假设，我们就能定性地分析施特恩-格拉赫实验了。

但是，光有定性的分析还不够，我们还要用数学语言定量地描述它们。比如，既然银原子可以处于自旋向上和自旋向下的叠加态，那如何描述这种状态？系统处于叠加态还是本征态，测量自旋的结果会完全不同，那自旋这种力学量要如何描述？系统状态发生了变化，又要如何描述？等等。

我们知道，系统处于不同的状态，测量力学量会有不同的结果：处于本征态，测量结果是确定的；处于叠加态，测量结果不确定。如果系统状态发生了变化，各个力学量的测量结果也会随之

发生变化。

在这样的语境下，系统状态就处在了一个非常核心的位置。因此，我们要先描述系统状态，那如何描述系统的状态呢？老办法，想知道量子力学里的情况，我们就先去经典力学看看。在经典力学里，我们是如何描述系统状态的呢？

假设有两个苹果，一个在北京，一个在武汉，我们会觉得它们的状态不一样，因为位置不同。当然，就算它们的位置一样，但如果一个静止，另一个在运动，我们还是会觉得它们的状态不一样，除非它们的位置和速度都相同。也就是说，在经典力学里，我们可以用物体的位置和速度（或动量）这样的力学量来描述系统的状态。

如果两个质点的位置和动量（或速度）都一样，它们在时空中的状态就被确定了。在和牛顿力学等价的哈密顿力学里，我们会以位置和动量为横、纵轴构建相空间，相空间里的一个点（有个确定的位置和动量）就代表了一个运动状态。

与此同时，由于位置和动量都可以直接观测，我们又用这些可观测量来描述系统状态，那系统状态和可观测量之间就没什么区别了。另外，在经典力学里，无论系统处于什么状态，测量结果都是确定的，所以，测量结果和可观测量之间也没什么区别了。

于是，在经典力学里，系统状态、可观测量和观测结果都没什么区别，都可以用位置和动量来描述。想确定一个粒子的状态，确定它的位置和动量就好了；粒子的可观测量也是位置、动量；最后的观测结果，无非就是把位置和动量的值读出来。

但是，量子力学里的观测结果却是跟系统状态有关的，系统处于本征态还是叠加态，观测结果会很不一样。自旋、位置这样的可观测量跟系统状态也不是一回事。这样的话，再想用位置和动量统一描述它们三个就不可能了。

那么，到了量子力学，我们要如何描述系统的状态呢？

12 系统状态

能否还像经典力学那样，直接用可观测量来描述系统状态？比如，银原子的自旋可以取向上和向下，那我们就用 $s=0$ 表示自旋向上的状态，用 $s=1$ 表示自旋向下的状态，用这样的变量 s 来描述系统状态行不行？不行！

如果银原子只处于本征态，我们确实可以用 $s=0$ 表示自旋向上本征态，用 $s=1$ 表示自旋向下本征态。但是，如果银原子处于叠加态呢？

有人说，那我用 $s=0.5$ 表示银原子处于自旋向上和向下的叠加态，用 $s=0.7$ 表示测量时有更大概率自旋向下，用 $s=0.3$ 表示有更大概率自旋向上，行不行呢？

在这个特例里是可行的，但它无法推广。我们这里是碰巧自旋只能取 $s=0$、$s=1$ 这样的分立值，如果现在讨论的不是自旋，而是位置呢？银原子的位置 x 本身就可以连续取值，$x=0.3$ 也只能表示某个位置本征态，那我们要如何表示位置的叠加态呢？

因此，想用一个变量 s 描述银原子的自旋状态是不行的，变量不够用。不够用怎么办？简单，一个不够用那就再加一个，反正又不费事。比如，我们可以用 s_0 表示自旋向上本征态，用 s_1 表示自旋向下本征态，如果银原子处于叠加态，我们就把它们加起来，用

$s=s_0+s_1$ 描述叠加态不就行了吗？

如果想改变叠加的权重，调节 s_0、s_1 前面的系数就行了。比如，我们可以用 $s=0.6s_0+0.8s_1$ 表示测量时有 $(0.6)^2=0.36$ 的概率自旋向上，有 $(0.8)^2=0.64$ 的概率自旋向下。（为什么是平方大家后面会明白）

这样，不管力学量是取分立值（自旋）还是连续值（位置），我们都能描述叠加态了。能取几个值，就设几个变量，处于什么样的叠加态，就相应调节变量前的系数，再把它们加起来就可以了。

而且，当把银原子的叠加态写成 $s=s_0+s_1$ 时，如果 s_0 前面的系数为 0，那就是 $s=0\times s_0+s_1=s_1$，这不就是自旋向下的本征态吗？同理，让 s_1 的系数为 0 也可以表示自旋向上的本征态。这样，叠加态和本征态就都可以用 $s=s_0+s_1$ 的形式来描述，调节 s_0、s_1 的系数就可以表示不同权重的叠加态，本征态就可以看成一种特殊的（除它以外系数都为 0）叠加态。

看来，用 $s=s_0+s_1$ 描述银原子的自旋状态是一个不错的选择。

那么，当我们把系统状态写成 $s=s_0+s_1$ 的时候，我们这是构造了一个什么样的东西呢？有没有觉得有点眼熟？如果不够眼熟，那我把 s_0 换成 x，把 s_1 换成 y，这样 s 就可以写成 $s=x+y$，这样总眼熟了吧？

没错，这就是一个矢量啊！（图 12-1）

你看，如果我们把 s_0 和 s_1 看成横坐标和纵坐标，那它们就构成了一个平面，$s=s_0+s_1$ 就代表这个二维平面里的一个矢量。因为 s_0、s_1 的系数都是 1，所以 $s=s_0+s_1$ 就代表了从坐标原点 (0,0) 到 (1,1) 的一个矢

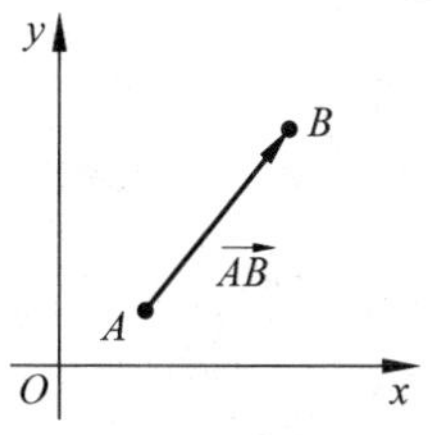

图 12-1　坐标系中的矢量

量，记作 $s=(1,1)$。

也就是说，如果我们想在量子力学里描述系统的状态，用一个数是不行的，得用一个矢量。这个用来描述系统状态的矢量，就被称为态矢量。

态矢量确定了，每个基矢的系数(坐标)就确定了，我们就能知道银原子是处于本征态还是叠加态，知道测量时有多大概率自旋向上，多大概率自旋向下。虽然不知道结果到底是自旋向上还是向下，但概率知道了，我们就能算出它的平均值。

也就是说，态矢量确定了，虽然自旋的具体取值不确定，但它的平均值却是确定的。我们正是在这个意义上说态矢量完全描述了系统的状态，这跟经典力学完全不一样。

但大家也清楚，自旋是粒子的内禀性质，就像质量、电荷一样，跟粒子在时空中的位置、速度无关。因此，当我们只考虑自旋时，粒子的自旋态空间其实是一种内部空间。如果我们不考虑自旋，而是考虑粒子在外部时空中的运动情况，那就要看它的位置和动量了。

银原子的自旋可以取两个值，我们用 $s=s_0+s_1$ 表示它的状态，这是一个二维的态矢量，对应的自旋态空间是一个二维空间。而位置可以取无穷多个值，我们就要用 $s=s_0+s_1+s_2+\cdots$ 表示它的状态，这是一个无穷维的态矢量，对应的态空间是一个无穷维空间。

如果你既想描述粒子的自旋，又想描述它在外部时空的情况，那就得把这两个态空间“加”起来，在数学上就是对它们做一个张量积。

由此可见，大家常见的矢量都在二维、三维欧式空间里，而态矢量却可以在无穷维空间里。另外，量子力学里的态矢量不再局限于实数，而把范围扩大到了复数。这部分数学内容我不打算多讲，大家只要知道态矢量所在的空间并不是欧式空间，而是一个范围更大的空间就行了。这个空间，我们称之为希尔伯特空间，态矢量是希尔伯特空间中的矢量。

也就是说，在量子力学里，我们用希尔伯特空间中的矢量描述系统状态，这是我们第一个非常重要的结论。

13 力学量

知道如何描述系统状态是一个巨大的进步，但这里有个问题：描述系统状态的是希尔伯特空间中的矢量，而它是无法直接观测的。你想想，态矢量是二维、三维、n 维，甚至无穷维空间中的一个矢量，能直接观测到吗？不能！

在经典力学里，我们用位置和动量描述系统的状态，而位置和动量本身就可以直接被观测。到了量子力学，描述系统状态的是希尔伯特空间中的态矢量，它无法直接被观测，而可以直接被观测的是自旋、位置、动量这些力学量。

因此，如果不想让理论跟实际脱节，那就得想办法描述这些力学量。我们用态矢量描述系统状态，那自旋、位置、动量这些力学量要如何描述呢？

我们知道，测量自旋的结果跟系统状态有关：银原子处于本征态，测量结果是对应的本征值；银原子处于叠加态，测量结果就有可能是自旋向上，也有可能自旋向下。如果态矢量确定了，每个基矢前面的系数（坐标）就确定了。系数确定了，测量时是各个结果的概率也就确定了。如果概率分布确定了，力学量的平均值也就确定了。而平均值，是可以直接观测的，这一点很重要。也就是说，虽然态矢量无法直接观测，力学量在一般情况下也没有确定值，但是，如果态矢量确定了，力学量的平均值就确定了。而力学量的平均值是可以直接观测的，我们可以从这里入手。

由于自旋在经典力学中没有对应的量，不方便理解，那我们来看看大家更熟悉的位置。

假设电子只能处于 $x=1$ 和 $x=2$ 两个位置，跟自旋类似，如果电子处于位置叠加态，测量位置时就有一定概率发现电子在 $x=1$ 处，也有一定概率发现电子在 $x=2$ 处。如果两种概率都是50%，那位置的平均值就是 $x=1\times0.5+2\times0.5=1.5$；如果处于 $x=1$ 的概率是70%，处于 $x=2$ 的概率是30%，那位置的平均值就是 $x=1\times0.7+2\times0.3=1.3$。

可见，态矢量确定后，概率分布也就确定了，虽然每个电子的位置依然不确定（可能在 $x=1$，也可能在 $x=2$），但位置的平均值却确定了（两个态矢量分别对应 $x=1.5$ 和 $x=1.3$）。

这里要稍微说明一下，经典力学里测量平均值的方法，通常是测一次记录一个数，再测一次，再记录一个数，最后求平均值。但在量子力学里却不能这么做，因为量子力学里的测量会改变系统的状态。

电子处于某个叠加态，测一下位置，它就会变成某个位置本征态，再去测量这个处于位置本征态的电子，测量结果就会一直是这个本征值，这显然就不对了。所以，如果你想测量处于叠加态电子的位置平均值，就得提前准备许多和它状态完全相同的电子，然后分别测量每一个电子的位置。测量一个就记一个位置（注意，每个电子只测一次），然后测下一个电子，最后对所有的位置求平均值，这样才能测出这个状态下的位置平均值。

于是，我们就清楚了：如果系统状态确定了，虽然力学量不一定有确定值，但力学量的平均值却一定是确定的。而平均值又可以直接观测，这样，我们就在系统状态和可观测量之间架起了一座桥梁。在量子力学里，系统状态是用希尔伯特空间中的矢量来描述的。现在我们想求这个状态下的力学量平均值，就必然要对这个矢量进行一些操作，让它产生一个实数（平均值）。那么，能对矢量进行操作、变换的是什么呢？是算符。

算符可以作用在一个矢量上，把它变成另一个矢量。比如，我们把一个矢量平移到另一个地方，完成这个操作的就叫平移算符；把一个矢量旋转一下变成另一个矢量，就叫旋转算符；把一个矢量投影到某个坐标轴，就叫投影算符（图 13-1）。

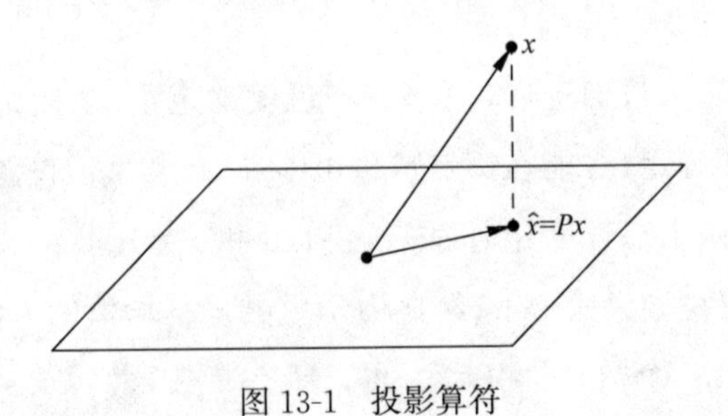

图 13-1　投影算符

也就是说，如果我们测出了电子在某个状态的位置平均值，现在要用算符对描述这个状态的态矢量进行一番操作，让态矢量“吐”一个实数出来（当然，算符直接作用在矢量上只能得到另一个矢量，想得到一个数还得借助它的对偶矢量，这里我们不细说），并且让这个实数就等于我们测量得到的位置平均值。

这样的话，看起来就是有一个算符作用在态矢量上，经过一番操作后得到了位置的平均值。在这个意义上，我们说这个算符描述了位置这个力学量，叫它一声位置算符不为过吧？

在数学上，算符可以用矩阵来表示，一个矢量跟一个矩阵相乘，其结果还可以是一个矢量，这就相当于对矢量进行了一个变换。在各种变换里，有一种变换很特殊：它对某个矢量进行变换的结果，就好像是把原矢量拉长一定倍数或缩短一定比例。当然，矩阵的这种变换只对一些特殊的矢量成立，我们把这些特殊矢量叫作这个矩阵的本征矢量(特征矢量)，这个拉长的倍数或缩短的比例就叫本征值(特征值)。

顾名思义，大家应该不难看出它跟量子力学的关系。在量子力学里，我们用矢量描述系统状态，用算符描述力学量。而算符又可以用矩阵来描述，于是，对算符 $\hat{A}$ 来说，也可以出现当它作用在某个态矢量 $|\Psi\rangle$ 上时，就好像把这个态矢量 $|\Psi\rangle$ 拉长了 a 倍。

写成方程就是：$\hat{A}|\Psi\rangle=a|\Psi\rangle$，这就叫算符 $\hat{A}$ 的本征方程，$|\Psi\rangle$ 是本征态，a 就是对应的本征值。

需要注意的是，这个方程左边的 $\hat{A}$ 是一个算符，用矩阵来描述，右边的 a 是一个数，所以你可千万别把方程左右两边的 $|\Psi\rangle$ 给约去了，然后得到 $\hat{A}=a$(很多初学者容易闹这样的笑话)。

于是，数学和物理就对应上了：用矢量描述系统状态，用算符描述力学量。算符可以写成矩阵的形式，而矩阵有对应的本征矢量和本征值，它们就对应了本征态以及测量力学量时可能出现的结果。

这样的话，想知道力学量可以取哪些值，解对应算符 $\hat{A}$ 的本征方程 $\hat{A}|\Psi\rangle=a|\Psi\rangle$ 就行了。想知道力学量在某个状态下的平均值是多少，用算符 $\hat{A}$ 作用在对应的态矢量上，经过一些操作也能算出来。

要注意的是，不同算符之间一般不能交换次序，也就是我们前面说的不对易，这是量子力学非常重要的一个特点。

这样，只要知道了算符的情况，就能知道对应力学量的情况。于是，我们就得到了第二个极为重要的结论：在量子力学里，我们用算符描述力学量，而且不同算符之间一般不能交换次序。

由于力学量和测量密切相关，所以，第三个极为重要的结论是关于测量的。即我们测量一个力学量，测量结果只可能是对应力学量算符的本征值之一。

对这个结论几乎不用做过多的说明，因为我们一直就是这么做的。我们早就知道测量银原子的自旋会让系统从叠加态变成某个本征态，测量结果就是对应的本征值。现在，我们只不过是知道了，原来这些本征态和本征值是跟一个算符对应起来的。

在施特恩-格拉赫实验里，自旋对应的算符是泡利矩阵，解泡利矩阵的本征方程就能得到两个本征矢量和两个本征值，分别对应自旋向上和自旋向下。去测量银原子的自旋，结果也只能是泡利矩阵的两个本征值之一。

当然，由于测量结果必须是实数，这对算符就会有一定的要求（必须是厄米算符），具体概率也都可以算，这些就不细说了。

这样，力学量的问题就圆满解决了。

14 静态的图像

此时，如果这里有个电子，我们就能知道如何描述电子的状态，知道如何描述它的力学量，也知道力学量可以取哪些值，对应的概率是多少，平均值又是多少，总之，我们知道了电子此刻的一切。

如果你是一位画师，你可以把电子此刻的物理图像画下来。但是，也仅仅是画下此刻的一帧图像。因为你并不知道电子在下一刻的状态，于是就不知道下一刻的概率分布，不知道下一刻的力学量平均值，也就没法画出下一刻的物理图像。

因此，我们现在描绘的只是一幅静态的量子图像，它不能动。如果我们想让静态的量子图像动起来，想描绘运动变化的量子世界，就得知道系统下一刻会处于什么状态。也就是说，我们必须知道系统状态是如何随时间变化的，知道如何根据系统此刻的状态求出它下一刻的状态，这就是量子动力学的问题。

那么，如何找出系统状态随时间的变化规律呢？能从上面的结论推出来吗？不能，因为我们现在只知道要用矢量描述系统状态，并不知道它如何随时间变化。

还是老规矩，想知道量子力学里的情况，我们先去经典力学里看看它是怎么做的。

在牛顿力学里，知道了物体的位置和速度，就知道了物体的状态。如果你还想知道物体下一刻的状态，也就是想知道物体下一刻的位置和速度，要怎么做呢？

很简单，学过中学物理的朋友都清楚（不清楚的可以先看看我的另一本书《什么是高中物理》）。想知道物体在下一刻的位置和速度，就得先找到物体受到的合外力 F，然后利用牛顿第二定律 $F=ma$ 算出物体的加速度 a。有了加速度，我们就能根据物体此刻的速度算出它下一刻的速度，进而求出下一刻的位置。于是，我们就知道了物体在下一刻的状态。也就是说，我们之所以能知道物体下一刻的状态，关键就在于牛顿第二定律 $F=ma$。正是因为有了 $F=ma$，我们才能根据物体此刻的位置和速度求出它下一刻的位置和速度，才能知道系统的状态会如何随时间变化，并描绘出物体的运动图像。

同理，如果我们想让量子图像也动起来，想知道量子力学里的系统状态如何随时间变化，我们也要找一个类似牛顿第二定律 $F=ma$ 这样的方程。

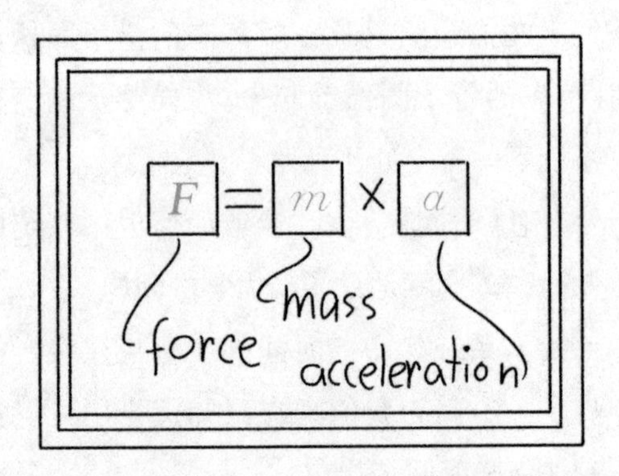

那牛顿第二定律是怎么来的？它是从牛顿力学的其他结论推出来的吗？当然不是！每个理论都有一些最基本的假设，它们是

这个体系里最底层的东西，是推不出来的(当然，如果以后发现了更深刻的理论，有了更基本的假设，能从那里把这些假设推出来，那就是另外一回事了)，它们的正确性只能由实验来保证。很显然，牛顿第二定律 $F=ma$ 就是牛顿力学的一个基本假设。

同样的，量子力学里描述系统状态随时间变化的方程也应该是一个基本假设，它也没法从量子力学的其他结论里推出来，它的正确性也只能由实验来保证。

1925 年，在白雪皑皑的阿尔卑斯山，在各种新思想的刺激下，有一个人得到了描述系统状态随时间变化的方程，得到了这个相当于牛顿力学里 $F=ma$ 的方程，即大名鼎鼎的薛定谔方程。写出这个方程的人，自然就是薛定谔。

薛定谔

15 薛定谔的工作

相信大家都听说过薛定谔方程，在科普书中一般也会提到它。但是，大部分人都只知道薛定谔方程很重要，却不知道它为什么重要，也不知道它到底在讲什么。

现在大家心里有数了：薛定谔方程是描述系统状态随时间变化的，它能让静态的量子图像动起来，就像牛顿力学里的 $F=ma$ 一样，重要性不言而喻。

那么，薛定谔方程是如何描述系统状态随时间变化的呢？

我们知道系统状态是用态矢量来描述的（第一个结论），我们采用狄拉克的记号，把态矢量记作 $|\Psi\rangle$。这样，想知道系统状态如何随时间变化，就需要知道态矢量 $|\Psi\rangle$ 在不同时间 t 会取什么样的值，这就是一个关于时间 t 的函数，我们记作 $|\Psi(t)\rangle$。

t 取不同的时间，$|\Psi(t)\rangle$ 就会有不同的取值，这不就是态矢量 $|\Psi\rangle$ 随时间变化的规律吗？所以，薛定谔方程想描述系统状态随时间的变化，就是要说明 $|\Psi(t)\rangle$ 应该遵守什么样的规律。那么，它会遵守什么样的规律呢？

由于薛定谔方程是量子力学的基本假设，无法从其他结论里推出来，那就只能靠“猜”了。当然，这不是乱猜，而是要基于事实分析，利用缜密的逻辑和合理的想象提出一些假设，然后用实验来验证。

薛定谔当年主要是看到了“光学和力学之间的相似性”，进而把光学的一些结论推广到了力学，最终得到了薛定谔方程。

他是怎么做的呢？

首先，薛定谔注意到几何光学是波动光学的短波长极限。这个好理解，光的波长越短，光波看起来就越像光线，波动光学自然就慢慢趋近于几何光学。

然后，薛定谔注意到，作为几何光学基本方程的程函方程跟分析力学里的哈密顿-雅克比方程非常相似。于是，薛定谔就想：如果几何光学是波动光学的短波长极限，那么，跟几何光学相似的分析力学会不会也是某种波动力学的极限？

也就是说，有没有可能说我们现在的力学只是“几何力学”，它只是某种波动力学的极限（就像几何光学只是波动光学的极限那样）？并且，这种波动力学里某个方程的短波长极限，刚好就是“几何力学”里的哈密顿-雅克比方程？

答案我们都知道，这种波动力学就是量子力学，薛定谔方程的短波长极限就是哈密顿-雅克比方程。

当然，这不是什么巧合，并不是说薛定谔无意中发现了一个方程，然后这个方程的极限刚好就是哈密顿-雅克比方程。而是反过来：薛定谔就是要找一个极限是哈密顿-雅克比方程的方程，然后才找到了薛定谔方程，而这种波动的力学就是量子力学。

按理说，这种想法是非常自然的。物理学家只要注意到了程函方程与哈密顿-雅克比方程的相似性，知道几何光学和波动光学的关系，考虑是否存在一种波动力学就是很自然的一件事。那么，为什么直到薛定谔才开始认真考虑这件事呢？

其实，哈密顿本人就注意到了光学和力学之间的这种相似性，因此也有人说哈密顿距离发现薛定谔方程只差临门一脚。

哈密顿

但是,物理是要对现实负责的,并不是说逻辑上成立的东西现实中就一定存在。在当时,光的波动性已经取得了广泛的共识,但谁会认为石头、苹果也具有波动性?而且,当时经典力学也运行得非常好,人们对它信心十足,又有谁会跑去研究什么波动的力学?

然而,到了20世纪初情况就不一样了。此时经典力学已经受到了严重的挑战,量子革命正在如火如荼地进行着,德布罗意也提出了革命性的物质波思想。这时候,考虑一般物体的波动性,考虑是否存在一种波动力学,使得现有的力学只是波动力学的极限就有了非常现实的基础。

于是,薛定谔就开始思考,如果现有的力学只是某种波动力学的极限,那么哈密顿-雅克比方程会是哪个波动方程的极限呢?

答案大家都知道,它就是大名鼎鼎的薛定谔方程。也就是说,如果我们让薛定谔方程取短波长极限,也就是让普朗克常量 h 趋近于0,它就会回到分析力学里的哈密顿-雅克比方程。

因此,如果想了解薛定谔方程,最好先了解一下分析力学。

16 薛定谔方程

因为这本书是科普量子力学的，这里也只能非常简单地讲一点分析力学，让大家知道为什么薛定谔方程会写成这样就行了。至于分析力学的具体内容，以后再说，怕错过的关注我的公众号就行。

简单来说，分析力学是一套跟牛顿力学完全等价的力学体系，它并没有什么新东西，只是描述方式跟牛顿力学不太一样。

牛顿力学的核心是力，我们分析物体的运动时要先进行受力分析，然后利用牛顿第二定律 $F=ma$ 计算物体的运动情况；分析力学的核心是能量，我们不需要对物体进行复杂的受力分析，只要选择合适的广义坐标，找到系统的拉格朗日量 L 或哈密顿量 H（知道这两个的其中一个就能求出另一个），代入拉格朗日方程或哈密顿方程就能求出物体的运动情况。

因为力是矢量，分析时要考虑大小和方向，而能量是标量，只考虑大小就行了，所以，在环境比较复杂、约束条件比较多的时候，从能量入手的分析力学往往会简单很多。

当然，如果分析力学仅仅是一个更好用的牛顿力学、一个处理复杂问题更加简单的牛顿力学，我们似乎也没必要花很大精力去研究它。分析力学最大的优点是，它处理问题的方法可以很方便地推广到经典力学以外，不管是电磁场还是量子力学都可以这么处理，而牛顿力学却不行。这是拉格朗日、哈密顿等分析力学创始人始料未及的。

也就是说，牛顿力学处理问题的那一套方法没法直接搬到量子力学里，我们在量子力学里也不会对物体进行受力分析，而是要采用分析力学的那一套方法。在分析力学里，只要知道了系统的哈密顿量 H，把它代入哈密顿方程就能求出系统的运动情况，量子力学也是这样。也就是说，在量子力学里，如果我们知道了系统的哈密顿量，把它代入一个方程，就能知道系统的状态会如何变化。

在一般情况下，系统的哈密顿量 H 在数值上等于动能加势能，也就是系统的总能量。因为能量也是一个力学量，而量子力学用算符描述力学量，所以，哈密顿量 H 进入量子力学之后也要入乡随俗地变成哈密顿算符 $\hat{H}$。

而我们又知道，在量子力学里描述系统状态随时间变化 $|\Psi(t)\rangle$ 的正是薛定谔方程。因此，如果把哈密顿算符 $\hat{H}(t)$ 代入某个方程就能知道系统状态随时间的变化情况，那这个方程自然就是薛定谔方程。

因此，薛定谔方程就是这么一个东西：你给出系统的哈密顿算符 $\hat{H}(t)$，把它代入薛定谔方程，求解方程就能得到系统状态随时间的变化 $|\Psi(t)\rangle$。具体形式如下：

$$\mathrm{i}\hbar\frac{\mathrm{d}}{\mathrm{d}t}|\Psi(t)\rangle=\hat{H}(t)|\Psi(t)\rangle$$

可以看到，薛定谔方程的主体就是哈密顿算符 $\hat{H}(t)$ 和系统状态随时间变化 $|\Psi(t)\rangle$ 的一个关系，i 是虚数单位，$\hbar$ 是约化普朗克常量($\hbar=h/2\pi$)，读作 h bar。这是一个微分方程，因为它不仅包含了 $|\Psi(t)\rangle$，还包含了 $|\Psi(t)\rangle$ 对时间 t 的求导($\mathrm{d}/\mathrm{d}t$)。

知道了系统的哈密顿算符 $\hat{H}(t)$，我们就能通过求解薛定谔方程把描述系统状态随时间变化的 $|\Psi(t)\rangle$ 求出来。知道了系统的状态，就知道了概率分布，知道了各种力学量的平均值，也知道了测量时会发生的情况，然后所有的情况就都知道了，这是分析许多量子力学问题的一个大致思路。

于是，我们就有了第四个极为重要的结论：系统状态随时间的变化 $|\Psi(t)\rangle$ 遵守薛定谔方程。有了它，静态的量子图像就能动起来了。

17 基本框架

至此，我们前前后后总结了四条非常重要的结论：

第一，用态矢量描述系统状态；

第二，用算符描述力学量，而且不同算符之间一般不能交换次序；

第三，测量一个力学量，其结果是该力学量算符的本征值之一；

第四，系统状态随时间的变化遵守薛定谔方程。

有了这些结论，量子力学的大致框架就搭建起来了。

我们知道如何描述系统状态，也知道系统状态如何随时间变化，这就等于知道了系统在任意时刻的状态。于是，我们就能知道系统在任意时刻的概率分布、力学量平均值以及测量结果，也就知道了系统的一切。

很显然，这四个结论并不是我随随便便列出来的，它们就是量子力学五大基本假设中的前四个，其重要性不言而喻。最后一个基本假设是所谓的全同性原理，这里先不讲，以后涉及多粒子时再介绍。

这样，我们就从施特恩-格拉赫实验出发，一步步把量子力学的基本框架搭起来了。

看到这里，估计很多人心里在犯嘀咕："这怎么好像跟我预想中的量子力学不太一样？在我的印象里，量子力学不应该是谈不连续、不确定，谈黑体辐射、双缝实验、薛定谔的猫吗？你一直在这里谈系统状态，谈态矢量和算符，这还是我印象中的量子力学吗？"

当然是！

量子力学只有一个，我现在做的，就是先把量子力学的基本框架搭建起来，至于你熟悉的那些东西，都能从这里推出来。学习量子力学不能只图看个热闹，我们不仅要知道这些现象是怎么回事，还要知道它们是怎么来的。

接下来，我们就来看看如何从量子力学的基本框架出发推出大家熟悉的这些现象。

18 一个电子

先来看个最简单的例子：一个电子。

在经典力学里，一个电子就像一个小球，你可以说它在什么地方、速度是多少，它在任何时候都有确定的位置和动量。你推它一下，它的运动状态就会改变，如何变的，接下来的位置和速度是多少都能计算出来。如果让一堆电子通过双缝，经典力学会觉得这就像是一堆子弹射过双缝，是断然不会出现干涉条纹的(图 18-1)。

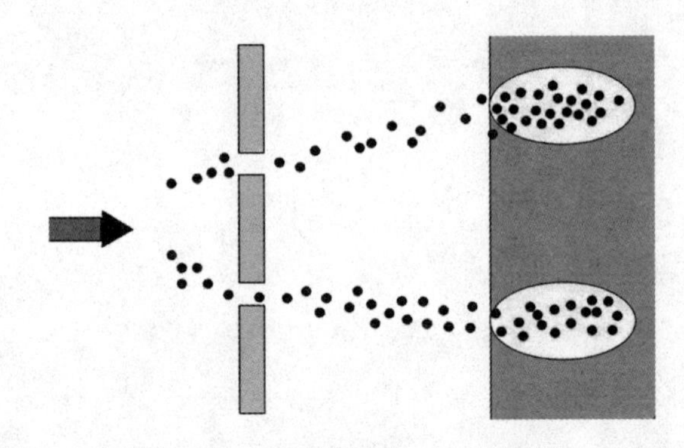

图 18-1　子弹通过双缝，无干涉条纹

到了量子力学，情况就不一样了。你不能再说这个电子在什么地方，因为，当你说“电子在什么地方”的时候，就暗含了此时的电子具有确定的位置。毕竟，只有位置是确定的，你才能说它在哪里。

而我们知道，电子是否有确定的位置取决于它的状态：处于位置本征态时，电子的位置是确定的，测量时有确定值，你可以说电子在什么地方；处于位置叠加态时，电子的位置不确定，测量时有一定概率处于各个位置的本征值，这时候你说“电子在什么地方”就没什么意义了(图 18-2)。

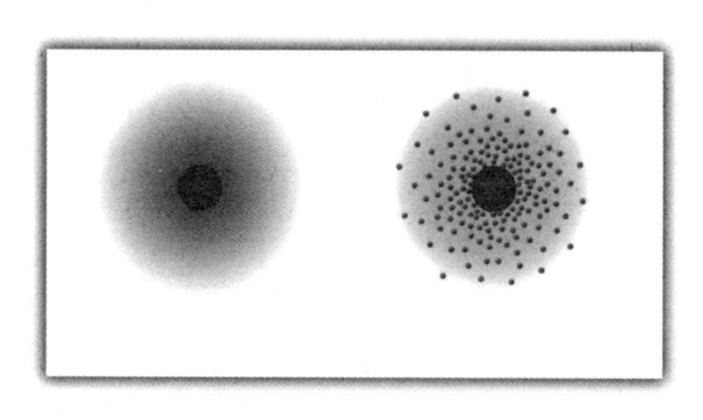

图 18-2　叠加态的电子

我们不能把一些观念想当然地搬进量子力学，因为有些观念在经典力学里没问题，但到量子力学里就不对了，所以我们要慢慢养成从量子框架思考问题的习惯，建立系统的量子观念，逐步形成量子力学的思维方式。

在量子力学的基本假设里，我们用态矢量描述系统状态，用算符描述力学量。电子的位置是否确定取决于它的状态。那怎么看它的状态呢?

在施特恩-格拉赫实验里，银原子的自旋可以取两个值，对应的状态就有自旋向上本征态、自旋向下本征态以及它们的叠加态。而电子的位置可以取无穷多个值，那对应就有无穷多个位置本征态以及它们的叠加态，我们就要用无穷维空间中的态矢量来描述它。

态矢量确定了，电子处于位置本征态还是位置叠加态就确定了，测量位置时有没有确定值也就知道了。我们只能这样谈论电子的位置，而不能像经典力学那样直接说“电子在什么地方”。

位置谈完了，如果你还关心动量，想知道电子的动量有没有确定值，怎么办？同样地，想知道动量是否有确定值，我们就看系统是处于动量本征态还是动量叠加态，还是要看态矢量。

但这样就有了一个问题：我们想看电子的位置是否确定，需要看态矢量是不是位置本征态；想看电子的动量是否确定，就要看态矢量是不是动量本征态。这里出现了两个态矢量，它们是什么关系？是同一个态矢量，还是两个不同的态矢量？

稍微想一下就知道：它们必须是同一个！

态矢量是描述系统状态的，如果系统已经处于某个状态了，态矢量就应该确定了。这时候，分析位置还是动量是你的自由，并没有影响系统，那描述系统状态的态矢量自然就不会改变。

而且薛定谔方程里用 $|\Psi(t)\rangle$ 描述系统状态，时间 t 确定了，$|\Psi(t)\rangle$ 也就确定了。也就是说，态矢量只跟时间 t 有关，跟分析位置还是动量无关。

此外，电子的力学量可不止动量和位置，难道多一个力学量就要多一个态矢量出来？想想就知道不可能。

因此，它们必须是同一个态矢量。也就是说，你想看电子的位置是否确定，要看这个态矢量是否处于位置本征态；你想看电子的动量是否确定，还是要看这同一个态矢量是否处于动量本征态。

那问题就来了：如果它们是同一个态矢量，那分析位置和动量时的这种差别又是怎么来的呢？

19 表象

如果电子处于某个状态，位置说："态矢量处于本征态，测量位置时有确定值。"动量说："不对，态矢量明明处于叠加态，测量动量时没有确定值。"位置认为态矢量处于本征态，动量认为态矢量处于叠加态，它们谁也不服谁，都认为自己是对的，对方是错的。

这让我想起了盲人摸象的故事：一群盲人在摸一头大象，有人摸到了大象的身体，说大象像一堵墙；有人摸到了大象的鼻子，说大象像一条蟒蛇；有人摸到了大象的尾巴，说大象像一根绳子。盲人们争吵了起来，谁也不服谁，都觉得自己是对的，其他人是错的。

类似地，这里只有一个态矢量，从位置角度看，态矢量处于位置本征态；从动量角度看，态矢量处于动量叠加态。他们都对，只是看待态矢量的角度不同罢了。

什么意思？

提到矢量，很多人的第一印象是一个箭头（图 19-1），这其实是一个很抽象的形象。如果想把这个抽象的矢量具体化，想用一组具体的数字来描述它，我们就得先做一件事：建立一个坐标系。

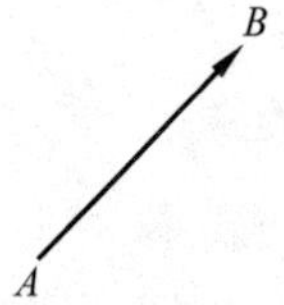

B

A

图 19-1　一般的矢量形象

比如，建立了一个笛卡儿坐标系之后，我们就可以把抽象的矢量投影到这个坐标系，投影到各个坐标轴的系数就是对应的坐标。然后，我们就可以用诸如（1,2）这样的具体数字表示原来的矢量，抽象的矢量就被具体化了。

当然，你可以建立笛卡儿坐标系，自然也可以建立球坐标系或其他坐标系。坐标系不同，同一个矢量在坐标轴的投影就不同，对应的坐标也就不一样。

态矢量也是矢量，它当然也可以被分解到不同的坐标系里。

在施特恩-格拉赫实验里，我们用 s_0 表示自旋向上本征态，用 s_1 表示自旋向下本征态，然后用 $\mathbf{s}=s_0+s_1$ 表示它们的叠加态，调节 s_0 和 s_1 的系数就代表不同权重的叠加态。然后，我们发现如果把 s_0 当作横坐标，把 s_1 当纵坐标，银原子的状态就可以用二维空间中的一个态矢量来表示。

同理，如果不考虑自旋，而只考虑粒子在时空中的位置，我们也可以用一个态矢量来描述它的状态。

跟自旋不同，粒子的位置一般可以取无穷多个值，这样它就有无穷多个位置本征态，我们就要用无穷多个本征矢量 $|a_1\rangle$，$|a_2\rangle$，…，

$|a_n\rangle$,…来描述(本征态也是一种状态,自然也要用矢量来描述)。对于自旋,我们用代表自旋本征态的 s_0、s_1 为坐标轴构建一个二维坐标系;对于位置,我们就要用代表位置本征态的无穷多个本征矢量 $|a_1\rangle$,$|a_2\rangle$,…,$|a_n\rangle$,…构建一个无穷维坐标系,粒子的状态就用这无穷维空间中的态矢量来描述。

也就是说,虽然粒子只在三维空间中运动,但描述粒子状态的态矢量却不在三维空间中,而是在无穷维空间里,这是很多初学者容易混淆的。

那么,我们如何才能得到位置的本征矢量呢?

前面(第 17 小节)讲过了,在量子力学里,我们用算符描述力学量(假设二),所以要用位置算符描述位置。知道了位置算符 $\hat{A}$,求解它的本征方程 $\hat{A}|\Psi\rangle=a|\Psi\rangle$ 就能得到描述位置本征态的本征矢量 $|\Psi\rangle$。我们再以这些本征矢量为基矢,就能构建一个位置相关的坐标系。

把态矢量分解到这个坐标系里,如果态矢量跟坐标轴重合,也就是跟位置的某个本征矢量重合,那就代表了某个位置本征态;如果态矢量不跟坐标轴重合,那就代表了位置叠加态,相信这个并不难理解。

同理,我们也可以以动量算符的本征矢量为基矢构建一个坐标系,然后把态矢量分解到这个动量相关的坐标系里。如果态矢量跟坐标轴重合,也就是跟某个动量的本征矢量重合,那就代表了某个动量本征态;如果态矢量跟坐标轴不重合,那就代表了动量叠加态。

很显然,我们用位置算符和动量算符构建的是两个不同的坐标系。当态矢量在一个坐标系里跟某个坐标轴重合时,它在另一个坐标系里完全可以跟坐标轴不重合。这样,一个态矢量就完全可以在位置那里是本征态，在动量这里是叠加态，并不矛盾。

当然，这里还有个小问题：在 n 维空间里，一个力学量算符的本征矢量能否组成基矢，从而构建一个坐标系？

一组矢量在 n 维空间里能否构成基矢，关键就要看它们是否有 n 个独立的矢量。比如，在三维空间里，我们就要看是否存在三个独立的矢量，直观地看就是这三个矢量是否共面。如果共面，那不在这个面上的矢量就没法由它们表示出来，它们就不能被称为基矢了。

对于这个问题，虽然数学上有点麻烦，但结果却很简单：那些有不同本征值的本征矢量都是相互正交的，就算有多个本征矢量对应了同一个本征值（简并态），我们也总能找到一组基矢。总之一句话：力学量算符对应的本征矢量总能构成空间中的一组基矢，你可以放心地用它们去构建坐标系。

在量子力学里，选取这样一组基矢就叫选取了一个表象。如果我们选取的基矢是位置算符的本征矢量，建立起来的表象就叫位置表象，或者叫坐标表象；如果选取的基矢是动量算符的本征矢量，那建立起来的就是动量表象。

这样的话，之前的问题变成了：面对同一个态矢量，我们可以在位置表象里分解，从位置角度看，系统处于位置本征态；也可以在动量表象里分解，从动量角度看，系统处于动量叠加态。两者并不矛盾。

20 玻恩规则

表象选好了，我们就可以把抽象的态矢量投影到具体的坐标系里，然后用具体的坐标来表示态矢量。态矢量是描述系统状态的(假设一)，那进入具体表象后，态矢量的各个坐标又有什么物理意义呢？

在施特恩-格拉赫实验里，为了描述银原子的叠加态，我们用 s_0 表示自旋向上本征态，用 s_1 表示自旋向下本征态，然后用 $s=s_0+s_1$ 表示叠加态。如果把 s_0 看成横轴，把 s_1 看成纵轴，那矢量 s 的坐标就是(1,1)。这时候，如果我们去测量银原子的自旋，就会有50%的概率自旋向上，50%的概率自旋向下，概率相同。

如果我们修改一下系数，把叠加态写成 $s=0.6s_0+0.8s_1$，对应的坐标就变成了(0.6,0.8)。这时候，测量得到自旋向上的概率是 $(0.6)^2=0.36$，得到自旋向下的概率是 $(0.8)^2=0.64$，两个概率就不一样了。

也就是说，当我们以一个力学量算符的本征矢量为基矢构建一个坐标系时，每个坐标轴就对应了一个本征态，态矢量投影到各个坐标轴的系数(坐标)的平方就代表了测量结果是这个本征态对应本征值的概率。

说起来有点绕，其实想想也很简单。我们的坐标系就是以力

学量的本征矢量为基矢构建的，态矢量在某个坐标轴的投影越长（坐标越大），自然就代表了它“含有”这个本征态的比例越高，测量结果是这个本征态对应本征值的概率自然就越大。如果态矢量全都投影在某个坐标轴上，在其他坐标轴的投影为 0，那测量结果是这个本征态对应本征值的概率自然就是 100%。

态矢量的这种概率性解释是玻恩最先提出来的，因而也叫玻恩规则，玻恩也因此获得了 1954 年的诺贝尔物理学奖。

玻恩

通过玻恩规则，我们就把态矢量的坐标跟测量时得到对应本征值的概率联系起来了。

21 | 波函数

有了以上认识，我们就能在具体表象下讨论问题了。

还是那个电子，当我们在位置表象下考虑问题时，我们其实是以电子的位置算符的本征矢量为基矢构建了一个坐标系，再把描述电子状态的态矢量投影到这个坐标系里。

现在只考虑一维情况，也就是假设电子只在 x 方向运动。如果电子处于 $x=1$ 的位置本征态，测量时就会在 $x=1$ 这个位置发现它。因为这是一个本征态，我们要用一个本征矢量来描述它，而本征矢量又是坐标系的基矢，会对应一个坐标轴。所以，$x=1$ 这个位置本征态就会对应坐标系里的一个坐标轴。

当然，除了 $x=1$，电子的位置还可以在 $x=2$、$x=2.5$ 等无穷多个地方，同样地，每个位置本征态都会对应坐标系里的一个坐标轴。这样一来，这个坐标系里就会有无穷多个坐标轴。

现在，我们把态矢量投影到这个拥有无穷多个坐标轴的坐标系里去，它在每一个坐标轴上都会有一个投影系数，也就是态矢量在这个坐标轴上的坐标。

比如，$x=1$ 是一个坐标轴，代表了 $x=1$ 的位置本征态。态矢量在这个坐标轴上有一个投影系数，也就是它在这个轴上的坐标，我们记作 $\Psi(1)$。同理，态矢量在 $x=2$、$x=2.5$ 上也会有一个投影系数(坐标),我们分别记作 $\Psi(2)$、$\Psi(2.5)$,以此类推。

而玻恩规则又告诉我们:态矢量在 $x=1$ 这个坐标轴上的投影系数的模的平方 $|\Psi(1)|^2$,就代表了测量时在 $x=1$ 处发现电子的概率。同理,$|\Psi(2)|^2$ 就代表了测量时在 $x=2$ 处发现电子的概率。电子的位置 x 还可以取 3、3.5、4.1 等无穷多个地方,每个地方都有一个对应的投影系数 $\Psi(x)$,它的模的平方 $|\Psi(x)|^2$ 就代表了在这里发现电子的概率。

也就是说,给定一个电子可以取的位置 x,我们都能找到一个与之对应的投影系数 $\Psi(x)$,使得 $|\Psi(x)|^2$ 就代表了在 x 处发现电子的概率。给定一个位置 x,就有一个数 $\Psi(x)$与之对应,这种从数到数的映射是什么?是函数啊!是我们初中就学了的函数(图 21-1)。

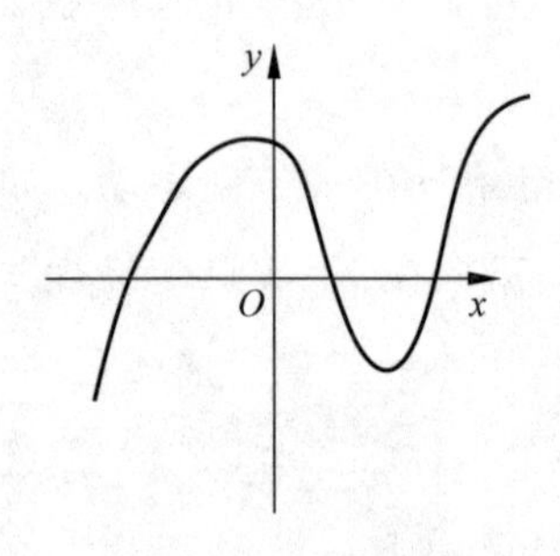

图 21-1 函数图像

因此,进入位置表象以后,态矢量在各个坐标轴的投影系数(坐标)就是一个关于位置 x 的函数,我们把它记作 $\Psi(x)$。而这个函数的名字,就是大名鼎鼎的波函数。

很多朋友对态矢量和波函数感到很迷糊,因为有的地方说“用态矢量描述系统状态”,有的地方又说“用波函数描述系统状态”,这样就晕了。明明一个是矢量,一个是函数,看起来八竿子打不着,为什么系统状态好像既可以用态矢量来描述,又可以用波函数来描述呢?

原因就在这里了,因为波函数是跟具体表象绑定在一起的,我们只有选定了具体的表象,建立了具体的坐标系,把态矢量投影到具体坐标系的系数才是波函数。

因此,我们说“用态矢量描述系统状态”没错,说“用波函数描述系统状态”也没错。就好像我们既可以说矢量 a,也可以把它分解到一个坐标系，说这是矢量(1,2)一样。

建立了位置表象，态矢量在这个具体坐标系里的投影系数就是波函数 $\Psi(x)$，波函数的模的平方 $|\Psi(x)|^2$ 就代表了在位置 x 发现这个电子的概率。比如，$\Psi(1)=0.1$ 就代表在 $x=1$ 这个地方发现电子的概率是 $0.1^2=0.01$，$\Psi(2)=0.2$ 就代表在 $x=2$ 这个地方发现电子的概率是 $0.2^2=0.04$，这样问题就具体化了。

当然，你能建立位置表象，自然也能建立动量表象。我们一样可以以动量算符的本征矢量为基矢构建一个坐标系，然后把态矢量分解到这个坐标系里。这样，态矢量的投影系数就是动量表象下的波函数，它的模的平方就代表了测量时发现电子具有这个动量的概率。

很显然，不同表象之间是等价的。我们既可以在位置表象下讨论问题，也可以在动量表象下讨论问题，就像既可以选择笛卡儿坐标系，也可以选择球坐标系一样。同一个态矢量，它既可以对应位置表象下的波函数，也可以对应动量表象下的波函数，它们就差了一个傅里叶变换(图 21-2)。

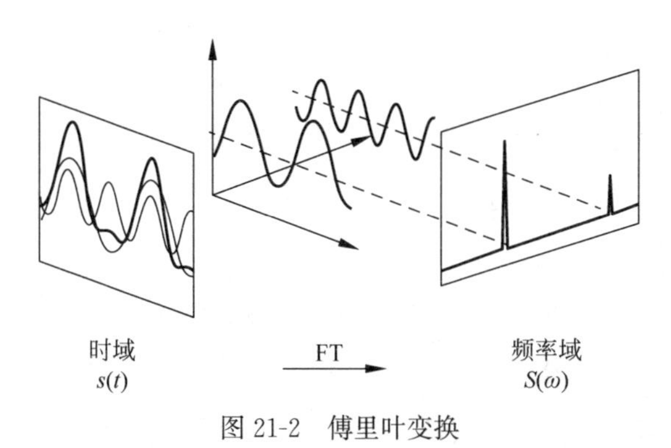

图 21-2　傅里叶变换

因为大家平常对位置表象接触得比较多，所以有些人误以为量子力学就是位置表象下的量子力学。他不太清楚位置表象和动量表象的关系，也不太清楚波函数和态矢量的区别，这样就始终云里雾里的。

好，现在我们进入位置表象。

22 位置表象

进入位置表象以后，我们就可以用波函数代替原来的态矢量了。而我们又知道，系统状态随时间的变化是遵守薛定谔方程的（假设四），而原来的薛定谔方程是用态矢量$|\Psi(t)\rangle$来描述系统状态的：

$$i\hbar\frac{d}{dt}|\Psi(t)\rangle=H(t)|\Psi(t)\rangle$$

所以，现在我们可以用波函数代替原方程里的态矢量。

因为薛定谔方程描述的是系统状态随时间的变化，我们用波函数$\Psi(x)$描述系统状态，那波函数随时间t的变化自然就是$\Psi(x,t)$。因此，在位置表象下，我们就可以用波函数$\Psi(x,t)$代替原来的态矢量$|\Psi(t)\rangle$。

但这样还不够，为了让薛定谔方程更加具体，我们把哈密顿算符$\hat{H}(t)$也一并展开。

关于哈密顿算符，我前面讲过一点。在这里，大家只要知道：一般情况下，如果我们知道了系统的哈密顿算符，就知道了系统本身的情况（比如粒子的数量、质量以及它们之间的相互作用）以及系统所处的外部情况（比如粒子所在的外部电磁场）。基本上，知道了系统的哈密顿算符，我们就知道了系统的一切。

在经典力学里，如果系统与外界不存在能量交换，系统的哈密顿量 H 一般可以写成动能（$p^2/2m$）加上势能 V，在数值上就等于系统的总能量：

$$H=\frac{p^2}{2m}+V$$

到了量子力学，力学量要用算符来描述。那么，跟能量紧密相连的哈密顿量自然也要算符化，算符化的结果就是薛定谔方程里的哈密顿算符 $\hat{H}$。

很显然，如果系统的哈密顿量 H 可以写成动能（$p^2/2m$）加势能 V，我们想把它算符化，就要把里面的力学量，也就是动量 p 算符化。在位置表象下，动量 p 算符化的结果是 $-\mathrm{i}\hbar\partial/\partial x$。为什么是这样我们先不管，但大家要记住，这只是动量算符在位置表象下的形式，它在其他表象下就不是这样的了。

于是，我们就集齐了在位置表象下写出薛定谔方程的全部条件：用波函数 $\Psi(x,t)$ 代替态矢量 $|\Psi(t)\rangle$，把哈密顿算符 $\hat{H}$ 展开成最常见的一种形式（$p^2/2m+V$），并找到了位置表象下的动量算符（$-\mathrm{i}\hbar\partial/\partial x$）。

然后，我们就可以在位置表象下重新写出薛定谔方程了（只考虑一维情况）：

$$\mathrm{i}\hbar\frac{\partial}{\partial t}\Psi(x,t)=-\frac{\hbar^2}{2m}\frac{\partial^2}{\partial x^2}\Psi(x,t)+V(x,t)\Psi(x,t)$$

这个方程比原来的长一些，看起来也复杂了一些。但是，它只是用 $\Psi(x,t)$ 代替了 $|\Psi(t)\rangle$，并把哈密顿算符 $\hat{H}(t)$ 展开了而已。它们的核心区别是：原来的方程是一般的薛定谔方程，没有指定表象，现在这个是位置表象下的薛定谔方程。

大家看看这个方程，i、$\hbar$ 是常数，m 是质量，如果势能函数（一

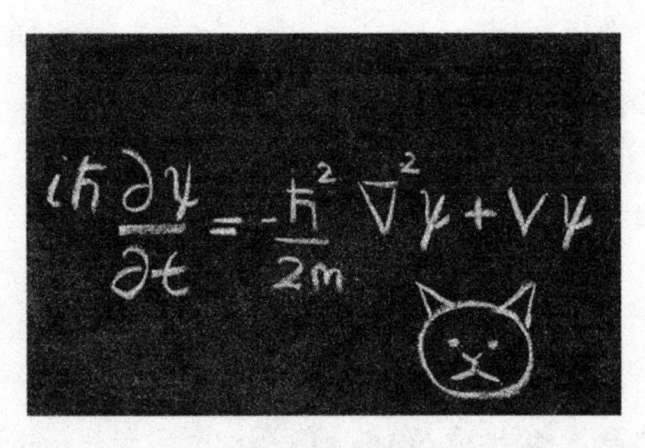

薛定谔方程

般简称为势函数)$V(x,t)$确定了,那未知量不就只剩下波函数$\Psi(x,t)$了吗?一个方程一个未知量,求解方程就能得到波函数$\Psi(x,t)$了。

也就是说,对位置表象下的薛定谔方程来说,只要给定了势函数$V(x,t)$,理论上我们就能解出一个与之对应的波函数$\Psi(x,t)$(能否求出精确解那就是另外一回事了)。

知道了粒子的波函数$\Psi(x,t)$,我们就能知道在任何时间t,任何位置x发现粒子的概率$|\Psi(x,t)|^2$(玻恩规则)。概率分布确定了,力学量平均值也就确定了,我们正是在这个意义上说波函数完全描述了系统状态。

在牛顿力学里,给物体一个外力,物体就会有一个加速度,它的状态也会随之变化。到了量子力学,我们不再用"力"来描述外界的影响,而是用势(能)函数。比如:牛顿力学谈重力,我们这里就谈重力势能;牛顿力学谈弹力,我们就谈弹性势能。

分析力学是一套以"能量"为核心的体系,它跟以"力"为核心的牛顿力学不一样。量子力学沿用了分析力学的逻辑,所以,在薛定谔方程里出现的是势(能)函数,而不再是力。

因此,只要我们确定了势函数,就能通过求解薛定谔方程得到描述粒子状态的波函数，进而知道粒子的各种情况。事实上，大家一开始学习量子力学时，很大一部分工作就是求解各种势函数下的薛定谔方程。

比如，对于自由落体的粒子，它的势能就是重力势能$-mgx$，所以势函数$V(x,t)$就是$-mgx$（不含时间t）。我们把$-mgx$代入薛定谔方程，求解方程就能得到描述粒子状态的波函数$\Psi(x,t)$。然后，我们就能知道1s，2s，…，ns时在某个地方发现这个粒子的概率以及各种力学量的平均值。

类似地，对于一个简谐振子，它的势函数是$V(x)=m\omega^2x^2/2$（也不含时间t）。我们把它代入薛定谔方程，解出波函数$\Psi(x,t)$以后，一样可以得到它的各种信息。

也就是说，如果我们想了解一个量子系统，通常要先做两件事情：第一，找出系统的势函数$V(x,t)$；第二，把势函数代入薛定谔方程，解方程求出描述系统状态的波函数$\Psi(x,t)$。

一般来说，找势函数是比较容易的，但是，薛定谔方程是一个偏微分方程，求解起来就没那么容易了。事实上，我们只在极少数情况下能精确求解薛定谔方程，在更多时候，我们只能采取一些方法求近似值。

至此，相信大家对量子力学的基本框架，以及量子力学处理问题的一般方法就有了个大致了解。然后，我们就可以这样去分析具体问题了，得到的结论是什么样就是什么样，大家平常熟悉的那些反常识、不可思议的量子力学特性都是这么来的。不信的话，我们来看一看。

23 不连续的问题

首先，我们来看一个大家都喜闻乐见的话题：不连续性。

很多量子力学的科普都是从黑体辐射开始的，并告诉你正是普朗克创造性地把能量的传播看成一份一份，而不是连续的，这才解决了黑体辐射难题，从而开创了量子力学。

普朗克

其实，普朗克当时只是把这当作一个数学技巧，并不真的认为能量的传播就是不连续的，后来爱因斯坦才把这当作物理现实。再往后，玻尔通过假设电子的轨道是分立的，无法连续吸收、释放能量，初步解决了氢原子问题。

总之，如果单独看量子力学的初期发展史，会让很多人误以为量子力学就是让一切都分立化，让一切都不连续。似乎只要我们让一些东西离散化，那些经典力学无法解释的问题就会迎刃而解，似乎不连续性就是量子力学的核心。

有的同学还会觉得，想要建立量子力学，是不是只要让经典力学的东西都离散化，让经典力学全都变成不连续的就行了？但是，你看看我们这里讲的量子力学，通篇都在讲什么用矢量描述系统状态，用算符描述力学量，用薛定谔方程描述态矢量随时间的变化，等等，压根都没提什么连续不连续。

有的同学甚至走得更远，他觉得量子力学里到处都是不连续的，那么，量子力学里的时间和空间肯定也是不连续的。刚好，他又知道普朗克时间和普朗克长度的概念，于是，他就在脑海里把时间和空间切成了一块一块的，并认为这就是量子力学，然后说自己轻而易举地解决了芝诺悖论。

不得不说，如果只是看了一点量子力学科普书，然后基于它们做了一些自以为合理的延伸，再加上点想象，得出这样的结论是非常正常的。但是，如果稍微系统地学习了一点量子力学知识，就会知道这样的推论是错得离谱的。

最简单的证据，你看看薛定谔方程，里面出现的是对时间 t 和空间 x 的求偏导$\partial/\partial t$、$\partial/\partial x$。求导意味着什么？求导意味着一定连续啊，相信大家多少还记得“可导一定连续，连续不一定可导”。薛定谔方程里有对时间和空间的求偏导操作，这明摆着就是在告诉我们：在量子力学里，我们假设时间和空间是连续的，否则，薛定谔方程就没有意义了。

确实，在有些量子引力理论，比如圈量子引力里就认为时间和空间是不连续的，但这并不是我们常说的量子力学。它属于量子引力的前沿探索领域,理论本身都还存在许多问题,也还没得到人们的共识。

而大家常说的量子力学,它在理论上是非常成熟了的,也经受了无数实验的考验,它假定时间和空间是连续的。

也就是说,虽然量子力学里可以有不连续的东西(比如能量),但时间、空间这个背景舞台却依然是连续的。而且,我们说的是能量可以不连续,而不是一定不连续,它在有的情况下依然可以连续。因此,像"量子力学里一切都是不连续的"这种简单粗暴的念头,趁早打消了吧。

那么,既然量子力学里的时间和空间都是连续的,而能量却可以不连续,那这种不连续是怎么产生的呢?

24 直觉和反直觉

到了这里，我要跟大家强调一件非常重要的事：学习量子力学的时候，我们要以量子的眼光看待世界，而不是以经典力学的眼光看世界。我们不要总觉得量子世界很奇怪，于是非要用自己更加熟悉的经典图像去类比。其实，量子力学才是更加底层的东西，需要被解释的不是量子力学，而是经典力学。

我们真正应该问的，不是量子力学为什么奇怪，而是经典力学的种种现象是如何从量子力学涌现出来的？我们真正该感到奇怪的，不是量子世界为什么是这样，而是经典力学的世界为什么可以这样。

量子力学已经诞生百年了，面对这个极其成功并且已经深刻改变了我们的思想和生活的理论，按理说，我们应该觉得它已经很自然了。但事实却截然相反：很多人一提到量子力学，第一反应依然是反直觉、反常识，觉得这个理论稀奇古怪，难以琢磨，不可理喻。

但是，你想过没有，当你在说量子力学反直觉的时候，你到底在说什么？你认为它“反直觉”，说明你之前已经有了一个直觉。你有了一套看待世界的直觉以后，又发现了某些不符合这些直觉的现象，然后才会“反直觉”。

对大部分人来说，这个直觉就是中学阶段学习牛顿力学所形成的直觉。

牛顿力学

当人们试图把量子世界的种种现象纳入原先的版图，试图用牛顿力学的思维和习惯理解量子现象时，发现理解不了，于是就觉得反直觉了。

说来也正常，如果一个人已经积累了很多经验，在遇到新事物以后，他自然会希望原来的经验还能派上用场。在量子力学诞生初期，那些物理大师也一样希望能在经典框架内解决问题，他们有意无意地保留了许多经典物理的思维和概念，经历了大约 1/4 个世纪艰苦卓绝的探索后，才形成了比较系统的量子力学。

大概是量子力学诞生后的前 25 年的历史太过精彩，各种人物轮番登场，各种思想对经典物理发起了一轮又一轮的冲击，量子力学内部又有矩阵力学和波动力学两股力量，后面还有玻尔和爱因斯坦的论战，这么多故事，拿来说书再合适不过了。这就产生了一个现象：现在市面上关于量子力学的科普书，绝大部分都是在讲量子力学诞生后的前 25 年的历史。

他们从普朗克与黑体辐射开始，讲爱因斯坦和光电效应、玻尔和氢原子、海森堡和神秘的矩阵、德布罗意和物质波、薛定谔的神秘女郎和薛定谔方程，再配合讲述矩阵力学和波动力学的小论战，以及玻尔和爱因斯坦的大论战，一本精彩纷呈的量子力学科普书就完成了。

把这样的书当成量子力学史来看是不错的。但是，如果你希望从里面学习量子力学的思维、了解量子力学的基本框架及其处理问题的一般方法，那就非常容易出问题了。

原因前面也说了，量子力学前 25 年的历史本身就充斥着各种混乱，一般人在思考问题时也不可避免地掺杂了一些经典力学的东西。从经典力学视角看待量子力学，自然会感到“反直觉”、奇怪，乃至诡异。如果你想学习量子力学，没有学到如何从量子力学视角看待世界，反而学来了一堆“反直觉”和诡异，这可不是什么好事。

比如不连续性，很多人看完量子力学前 25 年的历史后，对不连续性的印象极其深刻。于是，很容易认为量子力学就是在说一切都不连续——时间不连续，空间也不连续，认为把经典力学全部离散化之后就能得到量子力学，然后开始各种“奇思妙想”。

25 波粒二象性

波粒二象性也是一个很典型的用经典思维来解释量子现象的概念。我们在经典力学里谈到波，就会想到类似水波的事物；谈到粒子，就会想到类似豌豆那样的东西。

但是，在量子力学里，如果还说粒子性，那也只是说它具有一定的质量、电荷这样的属性，一个电子的行为一点儿也不像一粒豌豆，它根本没有确定的轨道；而在量子力学里说波动性，那也只是说它具有相干叠加性，并不是说空间中真的有一个类似水波这样的事物。

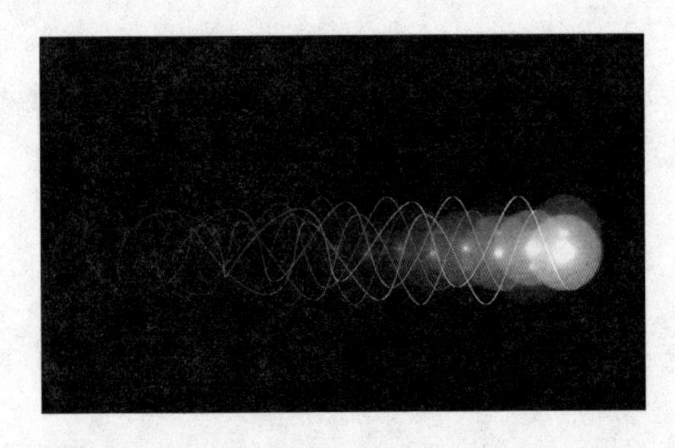

这样科普导致的结果就是，我们先是千方百计地让读者接受任何粒子都具有波粒二象性：一个电子既是波又是粒子，它有时候

像波，有时候像粒子。当我们用波动的方式去测量时，它表现得像波；当我们用粒子的方式去测量时，它表现得像粒子。等大家被这个描述搞得一头雾水，但终于记住了“电子既是波又是粒子”这个结论之后，你又跑来告诉读者：“不好意思，我们量子力学里说的这个波啊，它不是经典的波；量子力学里说的粒子，它也不是经典的粒子。”

你完全可以想象，经过这样一轮科普，读者能不迷糊吗？他能不觉得量子力学玄之又玄，既反直觉又诡异吗？如果思维再发散一点，借着波粒二象性继续发挥一下：电子既是波也是粒子，既有阴也有阳，阴阳五行相生相克……这就很容易形成“拳打薛定谔，脚踩海森堡，一记左勾拳撂倒玻尔和爱因斯坦”的局面。

归根结底，波粒二象性是在量子力学发展初期，在那个混沌阶段，人们试图用尽量多的经典概念来描述量子力学的中间产物。在量子力学还没建立起来之前，人们的确需要这样一根拐杖，但是，在量子力学已经建立了 100 多年后，我们还有必要拄着百年前的拐杖一瘸一拐地走路吗？

我在这本书里讲用态矢量描述系统状态、用算符描述力学量、用薛定谔方程描述系统状态随时间的变化时，通篇都没提波粒二象性，因为没必要。

在经典力学里，波和粒子是两种不能并存的实体，区分它们是很自然的。但到了量子力学，我们只要从量子力学的基本框架出发，就会发现粒子具有确定的质量、电荷，描述粒子状态的波函数具有相干叠加性都是非常自然的事情，没有必要刻意提让人容易混淆的波粒二象性。以后学了量子场论，大家会觉得这更加自然。

当然，如果你执意要用波粒二象性，也不是不可以。但是，你一定要清楚当你在说波粒二象性时，你到底在说什么，还要清楚量子力学里的波动性、粒子性跟经典力学里的有什么区别。

我们都知道量子力学是比经典力学更加深刻的理论，经典力学能描述的东西量子力学能描述，经典力学不能描述的东西量子力学也能描述。既然这样，为什么我们学习量子力学的时候还要管经典力学怎么看？为什么我们还要做着“从经典力学的视角去理解量子力学”这种既荒诞又无用还容易制造各种混乱的事情呢？

我们为什么不能系统地学习量子力学，用量子的方式思考量子问题呢？我们应该做的不是如何从经典视角理解量子力学，而是应该反过来，用更加底层的量子理论去理解经典世界的种种现象是如何涌现出来的。比如，如果量子力学的基本假设里没有不连续性，那我们常说的能量不连续是怎么冒出来的？如果不用波粒二象性这种概念，我们要如何解释单电子双缝干涉实验？量子世界充满了各种概率和不确定性，为什么宏观世界好像并没有？如何从量子力学出发，给物理世界一个完整而又自洽的描述？

这是一系列非常宏大的话题，我们后面再慢慢谈。在这本书里，我们就先把量子力学的基本框架搭起来，学习量子力学处理问题的一般方法，把这些都搞清楚了，我们的头脑就完成了一次从经典到量子的“格式化”。然后，你就会觉得量子力学很自然，而不再反直觉，因为此时量子力学才是你的直觉。

现在，我们可以逐步尝试用量子的方式思考量子力学问题了。我们不是已经找到了量子力学的基本假设吗？那么，就从这里出发，看看能量为什么可以是不连续的。再次提醒，这里说的是“可以”，而不是“一定”。

26 能量是否连续

假设这里有个粒子，我们想看它的能量是否连续。首先，我们要清楚当我们在说这句话的时候，我们到底在说什么。

在经典力学里，一个粒子的动能跟它的速度有关，而粒子的速度可以连续取值，它可以是 1，可以是 1.6，也可以是其他实数。于是，粒子的动能也可以连续取值。同样的，粒子的势能也可以连续取值，因为势能依赖于位置，而位置可以连续取值（图 26-1）。所以，在经典力学里，粒子的动能和势能都可以连续取值，那粒子的总能量当然可以连续取值，这没什么好说的。

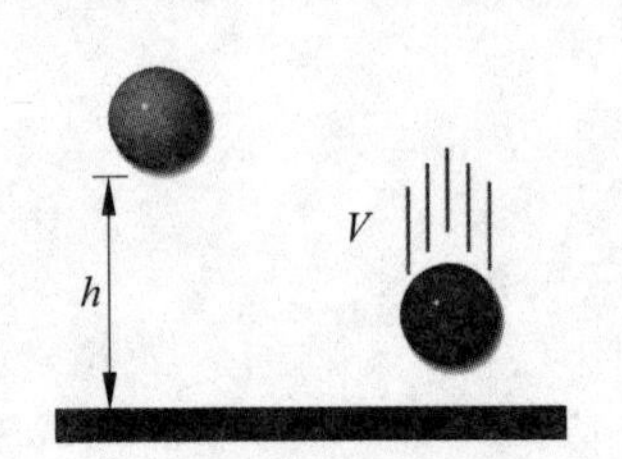

图 26-1　在经典力学里，粒子的动能和势能都连续

到了量子力学，如果你还想通过粒子的速度去寻找动能，就会发现此路不通。原因也很简单，经典力学里的速度是指单位时间内位移的变化量。粒子此刻在 A 点，1s 后到了 B 点，我们用 A、B 两点间的距离除以时间，就能得到速度的大小，进而得到动能。

但是，我们在量子力学里还能说粒子此刻在 A 点吗？不能啊！只有当粒子处于位置 A 的本征态时，我们才能说粒子一定在 A

点。如果粒子处于位置叠加态，那测量时就有一定的概率在 A 点，也有一定的概率在 B 点、C 点等。因此，粒子在一般情况下并没有确定的位置，那你就不能说它此刻在 A 点。同理，你也没理由说它下一秒就一定在 B 点。

位置都不确定，那如何确定粒子的速度呢？所以，我们不能像经典力学那样谈论粒子的动能，也没法像经典力学那样谈论能量的连续性。我们必须丢掉经典力学的经验，转而直接从量子力学的框架出发考虑问题。

我们知道，量子力学里是用算符描述力学量的（假设二）。能量也是力学量，那自然也要用算符来描述，用什么算符呢？这个前面说过了，用哈密顿算符。在经典力学里，粒子的能量一般就等于哈密顿量，我们把它算符化以后，就得到了薛定谔方程里的哈密顿算符 $\hat{H}$。而我们又知道，测量一个力学量的结果是对应算符的本征值之一（假设三）。

因此，如果我们想判断粒子的能量是否连续，就不是像经典力学那样看它的速度是否连续，而是要看哈密顿算符的本征值是否连续。

前面讲过了，经典力学里的哈密顿量 H 一般写成如下形式：

$$H=\frac{p^2}{2m}+V$$

在位置表象下，动量 p 对应的算符是这样 $-\mathrm{i}\hbar\partial/\partial x$（为什么是这样先不管了），把它代进去，就得到了位置表象下的哈密顿算符 $\hat{H}$：

$$\hat{H}=-\frac{\hbar^2}{2m}\frac{\partial^2}{\partial x^2}+V$$

也就是说，想知道能量是否连续，我们就要先确定哈密顿算符

$\hat{H}$ 的本征值是否连续。

前面也讲过了，想知道一个算符的本征值是否连续，解这个算符的本征方程（$\hat{A}|\Psi\rangle = a|\Psi\rangle$，这里的 a 就是算符 $\hat{A}$ 的本征值，$|\Psi\rangle$是对应的本征态）就行了。

于是，现在我们的问题变成了：去哪里找哈密顿算符 $\hat{H}$ 的本征方程？

27 定态薛定谔方程

想找哈密顿算符的本征方程，你得先找一个含有哈密顿算符的方程。大家看看位置表象下的薛定谔方程：

$$\mathrm{i}\hbar\frac{\partial}{\partial t}\Psi=-\frac{\hbar^2}{2m}\frac{\partial^2}{\partial x^2}\Psi+V\Psi$$

哈密顿算符 $\hat{H}$ 跟薛定谔方程的右边是不是有点像，当然，没进入表象的薛定谔方程的右边就是哈密顿算符，它们能不像吗？

如果我们可以像代数乘法那样把 Ψ 提出来，那这个方程的右边是不是就只剩下哈密顿算符 $\hat{H}$ 了？也就是说，如果可以把 Ψ 提出来，那位置表象的薛定谔方程的右边就可以写成 $H\Psi$，我们就能看到哈密顿算符 $\hat{H}$ 了。

但是很可惜，这个方程的右边并不是简单的代数乘法，位置表象下的波函数 $\Psi(x,t)$ 和势函数 $V(x,t)$ 都是既跟时间 t 有关，又跟空间 x 有关的多元函数，不是随随便便就能提出来的。

因此，如果想把 Ψ 提出来，你就得先想办法把波函数 $\Psi(x,t)$ 和势函数 $V(x,t)$ 的时间和空间部分分开，那要怎么做呢？

先看势函数，现在的势函数 $V(x,t)$ 既跟时间 t 有关，也跟空间 x 有关，那怎么才能把它们分开呢？很简单，我们就直接假设势函数不依赖时间 t 好了。也就是说，我们就只考虑不依赖时间 t，只

跟空间 x 有关的势函数 $V(x)$。

大家想想我们平常遇到的情况：一个物体的重力势能只跟高度有关(跟时间无关)，一个弹簧的弹性势能只跟位置有关(跟时间无关)，我们做电磁学题目，一般也是先给定一个电磁场(不随时间变化)。可见，不依赖时间 t 的势函数 $V(x)$ 是非常常见的，我们先考虑这种简单情况，以后再考虑更加复杂的也不迟(图 27-1)。

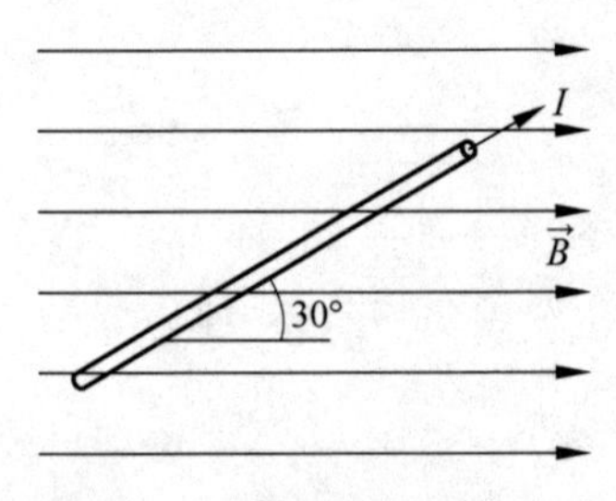

图 27-1　电磁场不随时间变化

势函数解决了，那波函数呢?

为了把波函数的时间和空间部分也分开，我们把波函数 $\Psi(x,t)$ 写成只包含位置的 $\psi(x)$ 和只包含时间的 $\varphi(t)$ 的乘积：

$$\Psi(x,t)=\psi(x)\varphi(t)$$

当然，你可能会说凭什么把波函数写成这种形式? 的确，可以写成这种形式的波函数只是很少的一部分。但后面大家会看到，更一般的解都可以通过这少部分的解构造出来，所以，我们先寻找这一小部分解集还是非常有意义的。

于是，我们就通过假定势函数 V 不依赖时间，并把波函数 $\Psi(x,t)$ 写成 $\psi(x)\varphi(t)$ 这样的形式，把薛定谔方程的时间和空间部分分开了。

然后，我们就把波函数的新形式 $\psi(x)\varphi(t)$ 代入位置表象下的薛定谔方程，经过一个简单的“懂的都懂，不懂也没关系”的求导、替换工作，原来的薛定谔方程就变成了这样：

$$\mathrm{i}\hbar\frac{1}{\varphi}\frac{\mathrm{d}\varphi}{\mathrm{d}t}=-\frac{\hbar^2}{2m}\frac{1}{\psi}\frac{\mathrm{d}^2\psi}{\mathrm{d}x^2}+V$$

可以看到，由于 $\Psi(x,t)$ 被拆成了 $\psi(x)$ 和 $\varphi(t)$ 相乘的形式，原来方程里的求偏导 $\partial/\partial x$，$\partial/\partial t$ 都变成了普通的求导 $\mathrm{d}/\mathrm{d}x$，$\mathrm{d}/\mathrm{d}t$，这样，形式就简单了。这么一来，方程的左边就真的只跟时间 t 有关，方程的右边就只跟空间 x 有关了（因为右边的势函数 V 不依赖时间，$\psi(x)$ 也不含时间）。

一个跟时间相关的函数（方程左边）等于一个跟空间相关的函数（方程右边），看起来好像不太可能，两个互不相关的函数怎么会相等呢？

但是，它们还是有相等的可能性的，那就是：它们都恒等于一个常数。

你想啊，左边的函数是随时间变化的，可能 8 点一个值，9 点一个值；右边的函数是随位置变化的，可能在北京一个值，在武汉一个值。左右两边没有任何关系，你现在让它们强行相等，那它们就只能都等于一个常数了，我们姑且把这个常数记为 E。

于是，上面的方程就可以拆成这样两个：

$$\begin{cases}\mathrm{i}\hbar\dfrac{1}{\varphi}\dfrac{\mathrm{d}\varphi}{\mathrm{d}t}=E\\[2ex]-\dfrac{\hbar^2}{2m}\dfrac{1}{\psi}\dfrac{\mathrm{d}^2\psi}{\mathrm{d}x^2}+V=E\end{cases}$$

第一个方程非常简单，求解也很容易，这里先不管，我们重点看第二个方程。如果把第二个方程的左右两边都乘以 ψ，它就可以写成这样：

$$-\frac{\hbar^2}{2m}\frac{\mathrm{d}^2\psi}{\mathrm{d}x^2}+V\psi=E\psi$$

这个方程有个很响亮的名字，叫定态薛定谔方程。

为什么叫定态呢？从字面上来看，“定”应该是不动，不随时间变化的意思。但是，我们这里只是假设势函数 V 不依赖时间，波函数 $\Psi(x,t)$ 虽然写成了 $\psi(x)\varphi(t)$ 的形式，但依然是跟时间 $\varphi(t)$ 相关的，似乎谈不上“定”。

但是，我们想一下玻恩规则：$|\Psi(x,t)|^2$ 表示在时间 t，在位置 x 发现粒子的概率。也就是说，虽然波函数 $\Psi(x,t)$ 跟时间 t 相关，但波函数本身却不对应什么物理现实，真正有物理意义的是波函数的模的平方（$|\Psi(x,t)|^2$），它代表我们在某时某地发现粒子的概率。

但是，当我们计算 $|\Psi(x,t)|^2$ 的时候，却发现时间因子在计算过程中竟然相互抵消了，最后的结果反而跟时间无关。更具体地说，$|\Psi(x,t)|^2$ 就等于 $|\psi(x)|^2$，它只跟空间部分有关。

于是，当势函数 V 不依赖时间时，虽然波函数 $\Psi(x,t)$ 本身跟时间相关，但它的概率分布却跟时间无关（$|\Psi(x,t)|^2=|\psi(x)|^2$）。这样，任何力学量的平均值就也跟时间无关，所以我们才说这是“定态”，是概率分布和力学量平均值都不随时间变化的状态。

28 能量本征态

明白了定态的意义，我们再来追问那个常数 E 的意义，那个让时间和空间部分相等的常数 E 是什么？

大家都知道，在物理学里，我们一般用 E 表示能量（energy），那这个常数 E 跟能量有没有什么关系呢？答案是有关系，这个 E 不是别的，正是系统的能量。

为什么？我们再来看看定态薛定谔方程：

$$-\frac{\hbar^2}{2m}\frac{\mathrm{d}^2\psi}{\mathrm{d}x^2}+V\psi=E\psi$$

这里的 ψ 只跟空间 x 有关，是个一元函数 $\psi(x)$。这样的话，我们就可以把方程左边的 ψ 提出来，那剩下的部分就是哈密顿算符 $\hat{H}$ 了。

于是，我们就可以把定态薛定谔方程写成 $\hat{H}\psi=E\psi$ 这种非常精简的形式了。温馨提示，这里的 $\hat{H}$ 是哈密顿算符，是一个算符，而 E 是一个数，大家可不要大笔一挥把 ψ 约掉了，闹出一个 $\hat{H}=E$ 的笑话来。

很多人应该还记得，我们在讲"用算符描述力学量（假设二）"时讲过算符的本征方程：如果力学量用算符 $\hat{A}$ 描述，那当系统处于力学量的本征态 Ψ 时，力学量的取值就是确定的。无论你测量多少次，测量结果都会是本征值 a，对应的本征方程就是 $\hat{A}\Psi=a\Psi$。

我们再看看定态薛定谔方程 $\hat{H}\psi=E\psi$，跟算符的本征方程 ($A\Psi=a\Psi$) 是不是很像？一般情况下，能量对应的算符就是哈密顿算符 $\hat{H}$，如果 ψ 又是能量本征态，那 $\hat{H}\psi=E\psi$ 不就是能量的本征方程了吗？

但问题是：这个 ψ 是能量的本征态吗？如果 ψ 不是能量本征态，那定态薛定谔方程 $\hat{H}\psi=E\psi$ 就不能看作能量本征方程。

那么，如何判断这个 ψ 是不是能量本征态呢？

首先，我们回想一下这个 ψ 是怎么来的：我们假设势函数 V 不依赖时间，然后把波函数 $\Psi(x,t)$ 拆成了时间和空间部分的乘积 $\psi(x)\varphi(t)$，而这个 ψ 就是空间部分。

乍一看，这个 ψ 似乎跟能量本征态没什么关系，但光看不行，我们还得计算。

如果 ψ 真的是能量本征态，那 E 就是对应的能量本征值。这时候，你去测量系统的能量，测量结果就一定是本征值 E，平均值也一定是 E。

因此，如果你想证明 ψ 是能量本征态，就得先证明哈密顿算符 $\hat{H}$ 在状态 ψ 的平均值等于 E。如果平均值都不等于 E，那这肯定就不是本征态了。通过计算，我们发现哈密顿算符 $\hat{H}$ 在状态 ψ 的平均值确实等于 E。

当然，光平均值等于 E 还不够，因为能量本征态的意思是：无论你测量多少次，结果都是 E。现在你只说哈密顿算符 $\hat{H}$ 在状态 ψ 的平均值是 E，万一这个 E 是由 $0.5E$ 和 $1.5E$ 平均出来的呢？也就是说，如果我们测量粒子的能量，它有50%的概率是 $0.5E$，有50%的概率是 $1.5E$，这样平均值依然是 E。但是很显然，这并不是能量的本征态。所以，除了平均值等于 E 外，我们还要保证它没有弥散，没有波动，用统计语言说就是方差和标准差都必须为 0。通过计算，哈密顿算符 $\hat{H}$ 在状态 ψ 的标准差也确实为 0（计算过程都略了，我这只讲思路，大家最好自己去算一算）。

平均值等于 E，标准差为 0，这样我们才能保证每次测量的结果都是 E，才能确定 ψ 是本征态。于是，我们才能光明正大地说：当势函数 V 不依赖时间时，定态薛定谔方程 $\hat{H}\psi=E\psi$ 描述的状态，正是能量的本征态，定态薛定谔方程就是能量的本征方程。而这个常数 E，不是别的，它正是本征态 ψ 下系统的能量。大功告成！

也就是说，如果势函数 V 不依赖时间，系统就处于定态，也就是能量本征态。在这种状态下，测量系统的总能量，总会得到确定值 E。

为什么势函数不依赖时间，总能量就是确定的呢？我举个简单的例子大家就明白了。

一个苹果往下落，苹果下落时重力势能转化成了动能。但大家都知道，这个过程中苹果的总能量（动能＋重力势能）并没有改变，它是守恒的，有一个确定值 E。为什么苹果下落时能量守恒呢？因为苹果的重力势能 mgh 不依赖时间，它只跟苹果的高度 h 有关。也就是说，让苹果的势能函数 mgh 不依赖时间，结果就导致了能量守恒，导致了苹果的总能量一直是定值 E。

如果苹果的势函数 V 依赖时间，那它的动能和势能之和就不再是一个定值（最简单的，苹果静止不动时，动能不变，但势能随时间变化，所以总能量必然也随时间变化，就不再守恒），总能量也就不再是定值 E 了。

这里的言外之意是：苹果这个系统还跟外界系统存在能量交换。比如，我们拿根绳子上下拉苹果，那苹果的动能和重力势能的和就肯定不是定值。因为我们的手会对苹果做功，苹果跟我们之间存在能量交换。

这样，大家明白定态薛定谔方程 $H\psi=E\psi$ 的意义了吧？

29 势函数

我们前面不是在讲能量的连续性吗，为什么这里要花这么大篇幅讲定态薛定谔方程呢？

因为能量也是力学量，而力学量要用算符来描述，力学量的取值就是算符对应的本征值之一。所以，想知道能量可以取哪些值，就得知道对应的哈密顿算符有哪些本征值；想知道哈密顿算符有哪些本征值，就得知道它的本征方程是什么。

现在，我们找到了哈密顿算符 $\hat{H}$ 的本征方程，发现它竟然就是定态薛定谔方程 $\hat{H}\psi=E\psi$。于是，我们才能继续讨论能量的连续性问题。

大家再来看看定态薛定谔方程，也就是能量本征方程：

$$-\frac{\hbar^2}{2m}\frac{\mathrm{d}^2\psi}{\mathrm{d}x^2}+V\psi=E\psi$$

从方程上看，系统的一个状态 ψ（能量本征态）就对应了一个能量 E（能量本征值）。你想知道能量 E 的情况，就得先知道系统状态 ψ 的情况。

那么，如何知道描述系统状态的波函数 ψ 呢？

这个前面讲过了：解薛定谔方程就行了。顺便提一句，虽然一开始说的波函数是指跟时间 t 相关的 $\Psi(x,t)$，但习惯上，我们把定态薛定谔方程里这个只跟空间 x 相关的 $\psi(x)$ 也称为波函数,大家知道就行。

也就是说,如果我们想知道粒子的能量是如何取值的,是连续的还是离散的,就得知道描述粒子状态的波函数 ψ 可以如何取值。而想知道波函数 ψ 如何取值,就得解定态薛定谔方程。

在定态薛定谔方程里,除了能量 E 和波函数 ψ 外,还有一个未定的势函数 V。也就是说,不同的势函数(比如不同的电磁场)会有不同的解,进而得到不同的波函数 ψ 以及不同的能量取值。

因此,我们不能笼统地说量子力学里的能量是连续的还是离散的,而是要根据不同的势函数区别对待。

30 自由粒子

一如既往，我们还是由易入难，先从最简单的入手。那什么样的势函数最简单呢？当然是势函数 $V=0$，也就是没有任何外界约束的时候。

在牛顿力学里，如果合外力为 0，粒子就会做最简单的静止或者匀速直线运动。到了量子力学，如果势函数为 0，粒子会如何运动呢？

很显然，当势函数 V 恒等于 0 时，它依然是不依赖时间的。那么，我们就可以继续使用定态薛定谔方程来处理问题。

在定态薛定谔方程里，如果 $V=0$，方程就变成了这样：

$$-\frac{\hbar^2}{2m}\frac{\mathrm{d}^2\psi}{\mathrm{d}x^2}=E\psi$$

这是个非常简单的微分方程，我们可以轻而易举地写出它的解，此时的波函数 ψ 是这样的（不会解的自己去翻书，我就不在这里科普如何解微分方程了）：

$$\psi(x)=A\sin kx+B\cos kx,\quad k=\frac{\sqrt{2mE}}{\hbar}$$

这个解是什么意思呢？大家中学都学过三角函数，像 $A\sin kx$ 这样的是一个正弦波。A 越大，正弦波振荡得越高，波峰跟波谷的距离越大；k 越大，正弦波就越密，两个波峰之间的距离就越小（图 30-1）。

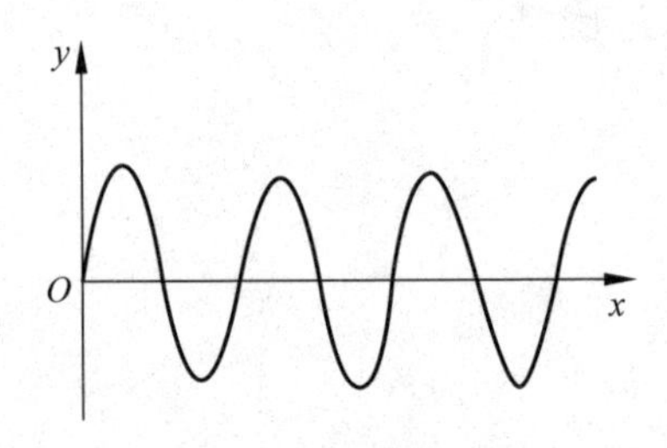

图 30-1　正弦波

很显然，如果 A 和 k 不受任何限制，可以随意取值的话，那这个正弦波的图像就也可以随意变化。它可以随意地变高，也可以随意地变密，余弦波 $B\cos kx$ 类似。

因此，我们解势函数 $V=0$ 的定态薛定谔方程，得到的波函数 $\psi(x)$是一个正弦波 $A\sin kx$ 和余弦波 $B\cos kx$ 的叠加，即 $\psi(x)=A\sin kx+B\cos kx$。由于势函数 V 处处为 0，对粒子没有其他约束，所以，我们就没有其他条件来约束 A、B、k 的取值。换句话说，A、B、k 可以随意取值（当然，$k\neq 0$，A、B 也不要同时取 0）。

A、B 我们可以先不管，但这个 k 是跟能量 E 紧密相连的：

$$k=\frac{\sqrt{2mE}}{\hbar}$$

k 越大，波越密，对应的能量 E 就越大。

现在，我们说这个 k 可以随意取非零值，那这个 E 自然也可以随意取值。也就是说，当势函数 $V=0$ 时，这个自由粒子的能量 E 可以取任意的正实数，它显然是连续的。

于是，我们就得到了第一个结论：自由粒子（势函数 $V=0$）的能量取值是连续的，它可以取任何正的能量值。

是不是有点吃惊？可能在你的印象里，量子力学里的能量肯定都是不连续的。却没想到我们的第一个结论中最简单的自由粒子的能量竟然就是连续的。

大家要记住，“能量是否连续”并不是量子力学的基本假设，基本假设就是前面说的态矢量、算符、测量、薛定谔方程那些。我们从这些假设出发，算出能量是连续的就是连续的，算出能量是离散的就是离散的，仅此而已。

那么问题来了，大家熟悉的那种不连续的能量，那种一份一份的能量是怎么来的呢？

31 一维无限深方势阱

你想想，自由粒子的能量 E 之所以连续，是因为它对波函数 $\psi(x)=A\sin kx+B\cos kx$ 没有任何约束，于是 A、B、k 可以随意取值。如果我们再加上一些限制条件呢？如果我不让 k 随意取值，那对应的能量 E 是不是也就不能随意取值了？它是否会因此变成不连续的呢？

空想是没有用的，我们还得用计算来说话。我们给自由粒子加上一个非常简单的限制：把粒子关在一个"地牢"里，不让它出去。

什么意思？自由粒子不是任何地方的势函数都为 0，在任何地方都没人管吗？现在我在左右两边加两块铜墙铁壁，把它关起来。

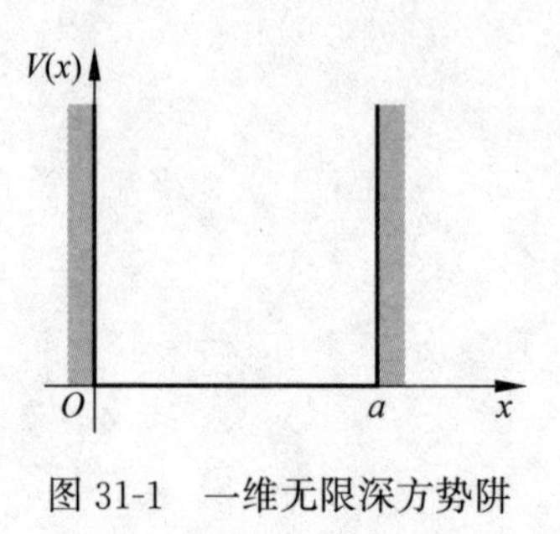

图 31-1　一维无限深方势阱

如图 31-1 所示，在 $0\sim a$ 这个范围内，势函数 V 依然等于 0，粒子在这个范围内依然是自由的。但是，在这个范围以外，也就是小于 0 以及大于 a 的地方，势函数 V 都是无限大，粒子别想过去。

这个东西很像一个陷阱，因为是

一维的，又是方形的，而陷阱外的势函数又是无限大，所以就叫它一维无限深方势阱。

那么，这样一个势阱会对波函数做出什么样的限制呢？在势阱内，也就是 $0\sim a$ 的范围内，势函数还是 0，跟自由粒子的情况没啥区别。但是，到了势阱外，势函数就是无限大，粒子无法“出去”，这就不一样了。

在经典力学里，我们说一个粒子无法出去，是说它的位置坐标不可能离开那个范围。但到了量子力学，粒子在一般情况下压根就没有确定位置，只有在某个位置发现粒子的概率 $|\psi(x)|^2$。现在势阱外的势函数无限大，我们说粒子无法出去，意思是在势阱外发现粒子的概率为 0，也就是 $|\psi(x)|^2=0$，即 $\psi(x)=0$。

由于 $x=0$ 和 $x=a$ 是势阱的左右边界，所以这两个地方的波函数也必须为 0：$\psi(0)=0$，$\psi(a)=0$。于是，我们就得到了两个约束条件。那么，这两个约束条件会给系统带来什么变化呢？它又会使粒子的能量 E 发生什么变化呢？我们来一个个地看。

先看第一个 $\psi(0)=0$，因为 $\psi(x)=A\sin kx+B\cos kx$，所以 $\psi(0)=A\sin 0+B\cos 0=B$（因为 $\sin 0=0$，$\cos 0=1$）。如果 $\psi(0)=0$，那我们就得到了 $B=0$。这样，波函数 $\psi(x)$ 就只剩下了第一项 $\psi(x)=A\sin kx$。

如果波函数 $\psi(x)=A\sin kx$，而第二个条件又告诉我们 $\psi(a)=0$，代进去就得到了 $A\sin ka=0$，这又是什么意思呢？

前面讲过了，正弦波 $\sin x$ 的图像如图 30-1 所示。所以，$A\sin ka=0$ 就有两种可能：$A=0$ 或者 $\sin ka=0$。

$A=0$ 是一种非常无趣的情况，因为 B 已经等于 0 了，如果再 $A=0$，那就直接是整个波函数 $\psi(x)=0$ 了。翻译一下就是：在任何地方发现粒子的概率都为 0，这就是说没有粒子，所以，这是一个平庸的解，也不符合现在的情况。

真正有意思的是另一个解，也就是 $\sin ka=0$ 的情况。我们看一下正弦函数 $\sin x$ 的图像，它的取值可以为 0，它跟 x 轴不是有很多交点吗？这些交点就是 $\sin ka$ 等于 0 的地方。

也就是说，如果我们想让 $\sin ka=0$，我们只需让 ka 取正弦函数跟 x 轴相交的那些地方就行了。学过中学三角函数的朋友都知道，正弦函数跟 x 轴相交的地方，只考虑正半轴，正好就是 π、2π、3π 等。

这么一来，ka 就不能随意取值了，而是只能取 π、2π、3π 等，写成更加紧凑的形式就是：

$$k_n=\frac{n\pi}{a},\quad n=1,2,3,\cdots$$

而我们又知道，这个 k 是跟粒子的能量 E 直接相关的。解势函数 $V=0$ 的定态薛定谔方程时，为了让形式更加简单，我们给能量 E 做了一个简单的替换：

$$k=\frac{\sqrt{2mE}}{\hbar}$$

现在 k 的取值知道了，能量 E 的取值简单替换一下就行了：

$$E_n=\frac{\hbar^2 k_n^2}{2m}=\frac{n^2\pi^2\hbar^2}{2ma^2}$$

于是，这个能量 E 就真的是离散的了，因为这里的 n 只能取 1、2、3 等自然数。现在，大家看明白这个离散的能量是怎么来了的吗？

32 不连续性

自由粒子时，势函数 V 处处为 0，它对波函数 $\psi(x)$ 没有任何限制，所以 k 能随意取值，对应的能量 E 也能连续取值。但是，当粒子不再自由，而是被束缚在一个有限宽的势阱时，它就不能乱跑了，k 也不能随意取值了。于是，对应的能量 E 也不能随意取值了，也就是不连续了。

在一维无限深方势阱里，我们要求波函数 ψ 在势阱两边的取值都为 0，即 $\psi(0)=\psi(a)=0$，这相当于固定住了一根绳子的两端。于是，在 $0\sim a$ 之间，这根绳子可以弯成一个波形，也可以弯成两个波形、三个波形，就像图 32-1 这样：

因为 $\psi(x)$ 代表了系统状态(能量本征态)，所以，每一种可能的波形就代表了系统可能的一种状态，对应了一个确定的能量 E。

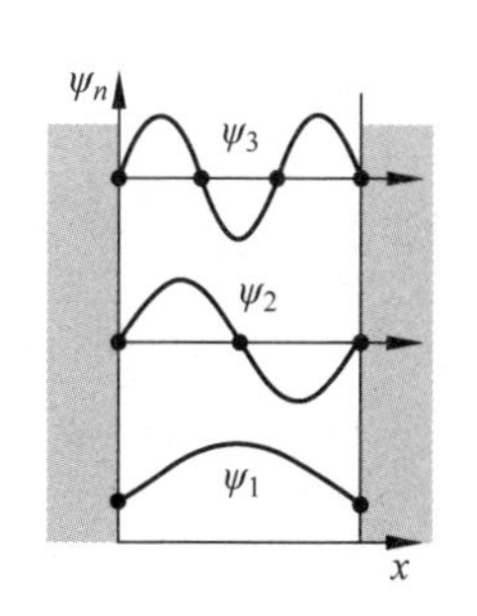

图 32-1　可能的系统状态

在经典力学里，我们用一个粒子的位置和动量描述它的状态。就算我们把粒子关在一个牢房里，限制它的活动范围，它在牢房里的位置和动量依然可以连续变化，能量也可以连续变化，它在牢房里依然可以连续走动，没人管它。

但到了量子力学，这个牢房不仅限制了它的活动范围，还限制了它的状态，限制了它的能量，让它不能再随意取值。

在一维无限深方势阱里，求解定态薛定谔方程得到的波函数是一个正弦波。作为一个波，它有自己的“傲骨”，即便身陷囹圄，活动范围受到了限制，它还是要保持波的样子，所以，粒子的状态和能量就出现了离散化。

这样，大家对量子力学里的不连续性是否有了更深刻的认识？

33 氢原子

在量子力学的基本假设里，我们没有对能量是否连续做出任何假设，只说用态矢量描述系统状态，用薛定谔方程描述系统状态随时间的变化。

当势函数 V 不依赖时间时，系统就处于定态(能量本征态)，这时候测量能量就有确定值。能量有确定值，我们才能谈论能量的取值是连续的还是离散的。如果系统处于能量叠加态，都没有确定的能量值，那这问题就没任何意义了。

势函数确定后，我们求解定态薛定谔方程就能得到描述系统状态的波函数，进而得到能量的情况，然后就知道了能量的取值是连续的还是离散的。

当势函数 $V=0$ 时，粒子完全自由，它的能量是连续的；当势函数不为 0，而是一维无限深方势阱时，粒子的能量就变成离散的了。如果我们换一种环境，再换一个势函数，这个操作流程还是一样的，都是把对应的势函数代入薛定谔方程求解，再根据波函数分析能量的取值情况。

比如，我们知道氢原子是由一个质子和一个核外电子组成。那么，这个电子的能量可以取哪些值呢？是连续的还是离散的？

同样地，要分析电子的行为，我们就要知道它的势函数。而我们很清楚，电子和质子会互相吸引，根据库仑定律，这个势函数 V 可以写成：

$$V(r)=-\frac{e^2}{4\pi\varepsilon_0}\frac{1}{r}$$

然后，我们把这个势函数代入定态薛定谔方程，经过一系列我们觉得非常复杂，但在量子力学里还算简单的计算，就能得到氢原子里电子可以取的能量：

$$E=-\left[\frac{m}{2\hbar^2}\left(\frac{e^2}{4\pi\varepsilon_0}\right)^2\right]\frac{1}{n^2}=\frac{E_1}{n^2},\quad n=1,2,3,\cdots$$

这就是著名的玻尔公式，玻尔从他的模型里得到了这个公式，进而名扬天下。现在，我们可以从薛定谔方程里把它非常自然地推出来。

这个求解过程我就不说了，任何一本量子力学教材都会写。但结果很明显，跟一维无限深方势阱一样，库仑势下的电子可以取的能量值一样是离散的，它只能取一些特定的值。$n=1$ 是能量的最低状态，也叫基态，其他情况被称为激发态。

34 原子模型

在量子力学历史上，氢原子问题一直都很重要。现在我们知道了量子力学里处理氢原子的方式，那不妨再回过头，看看经典力学是如何处理氢原子的，看看它遇到了什么困难，这对我们深入理解量子力学也很有好处。

在量子革命前夜，困扰经典力学的有四大难题，包括大家很熟悉的黑体辐射和光电效应问题，还有大家不太熟悉的原子光谱和原子稳定性问题。后两个问题都跟原子模型有关，而氢原子又是最简单的原子，所以它非常重要。

说到原子模型，首先出场的是汤姆生。他认为原子是个球体，带正电的物质均匀分布在球内，带负电的电子一颗一颗镶嵌在球内，这个模型被称为“枣糕模型”（图 34-1）。

汤姆生

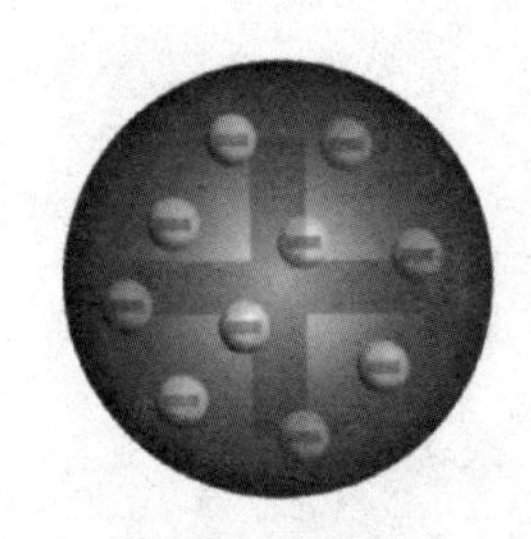
图 34-1 枣糕模型

但是很快，汤姆生的模型就被他的学生卢瑟福推翻了。卢瑟福用 α 粒子轰击金箔时，发现绝大部分 α 粒子都会通过金箔，但有极少数 α 粒子竟然会反弹回来。

这是什么意思呢？如果原子里带正电的物质都均匀分布，那用 α 粒子轰击原子，就会像用子弹轰击蛋糕一样，是绝不可能被反弹回来的。现在有极少数 α 粒子被反弹回来了，那就说明原子内部有极少量非常坚硬的东西。

卢瑟福经过反复地实验和思考，认为带正电的物质只能集中在一个非常小的范围内，原子的质量也主要集中在这里，这就是我们说的原子核。这样，带正电的原子核就像太阳，带负电的电子就像围绕太阳转的行星，卢瑟福的原子模型就被称为“行星模型”(图 34-2)。

行星模型虽然跟实验符合得很好，但存在一个巨大的理论问题：如果电子真的在绕核转动，那根据经典电磁理论，电子转动时就会不断释放能量。这样的话，当电子的能量消耗殆尽后，它就应该坠入原子核，原子也就随之毁灭了。

图 34-2 行星模型

但我们都知道，世界很稳定，原子并没有毁灭，电子也没有坠入原子核。那问题就来了：原子为什么能保持稳定？电子为什么没有因为不断释放能量而坠入原子核？

这就是原子的稳定性问题，它是经典物理无法回答的。

卢瑟福无法解决这个问题，就把它交给了他的学生玻尔。玻尔研究了一段时间，在充分吸收了普朗克、爱因斯坦的量子化思想后，提出了一套全新的原子模型。

玻尔认为，电子的轨道并不能随意选，它只能处在一些特定的轨道上。当电子处在这些特定轨道上时，电子并不发射或吸收能量（所以不会坠毁），只有当电子从一个轨道跃迁到另一个轨道时，才会发射或吸收能量（图 34-3）。

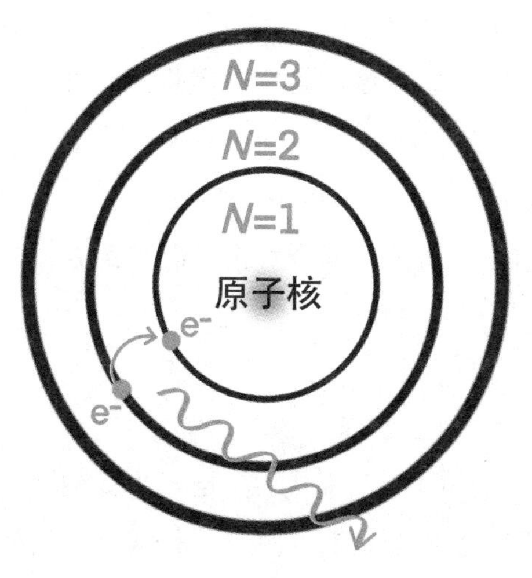

图 34-3　电子跃迁

玻尔的模型是一个经典和量子的混合体，里面既有量子化轨道这样的概念，也有电子绕核转动这种经典模型。从理论上来说，这样一个“混合体”必然让人难以接受（当时也确实没人相信它），而这个模型也确实无法解释更复杂的原子。

但是，相比理论，物理学家更看中的是模型能否解释实验现象。当越来越多的实验符合玻尔的预言时，大家就慢慢接受了玻尔模型的主要思想，承认这里面确实有部分正确的东西。同时，大家也在期待一个更完美的理论，希望能从中导出玻尔模型，并且能解释玻尔模型无法解释的东西。大概 10 年后，随着量子力学的全面建立，一切都清晰了。

那么，现在的量子力学是如何看待玻尔模型的呢？

首先，我们要明确：在量子力学里，电子是没有轨道概念的。什么是轨道？电子这一秒在这里，下一秒在那里，它每个时刻的位置都能被精准得算出来，这是轨道。但是，量子力学里电子在一般状态下并没有确定的位置，我们只能计算在各个地方发现电子的概率，所以根本谈不上轨道。

但我们也知道，玻尔模型是符合实验的，它肯定也包含了一些正确的东西。那么，如果量子力学里并没有确定的轨道，那玻尔说的轨道又是什么？

在前面，我们已经解了库仑势下的薛定谔方程，并得到了玻尔公式：

$$E=-\left[\frac{m}{2\hbar^2}\left(\frac{e^2}{4\pi\varepsilon_0}\right)^2\right]\frac{1}{n^2}=\frac{E_1}{n^2},\quad n=1,2,3,\cdots$$

这里每一个可能的 E，都代表了电子可能的一种状态。没错，这其实就是玻尔说的“轨道”。每一个“轨道”，其实就是一种定态，是一种能量本征态。因为库仑势下电子可以取的状态和能量都是离散的，所以玻尔才会觉得电子只能待在一些特定而离散的“轨道”上。

为什么电子没有坠入原子核呢？因为在这些允许的能量 E 里，有一个最小值，即 $n=1$ 时的基态能量（这里能量取负值，负号代表电子受到了原子核的束缚，$E_1=-13.6\text{eV}$，$E_2=-3.4\text{eV}$，……），电子的能量无法比它再小，所以无法坠入原子核。

这样，大家对原子问题有更深刻的认识了吗？

35 双缝实验

我写这本书，主要是想帮大家把量子力学的基本框架搭起来，让大家知道如何从量子力学的视角看问题。

很多人觉得量子力学奇怪、诡异，甚至恐怖，根本原因就是：他们并不是从量子的角度看待量子问题的。他们有意无意地保留了许多经典的概念和思维，用半经典半量子的眼光看待量子世界，这样不觉得奇怪才怪了。

在量子革命初期，在量子大厦还没建起来之前，那些大师们用更加熟悉的经典思维思考问题无可厚非。他们四处碰壁，经过各种艰苦卓绝的探索才建立起了成熟的量子力学框架。那么，100 多年后的今天，我们为什么还要用半经典半量子的视角看问题，还要在量子初期的那些泥潭里一直摸爬打滚呢？

很多人觉得量子力学很奇怪，觉得没人能懂量子力学，并引以为傲地说许多物理大师也是这么说的。但请相信我，绝大部分人觉得量子力学奇怪，仅仅是因为他们对量子力学的基本概念、基本框架缺乏最基本的认识，他们陷在半经典半量子的泥潭里出不来，跟物理大师眼中的奇怪根本不是一回事。

就像同样是数学，有人说解一元二次方程太难了，有人说黎曼猜想太难了，都说数学难，但这能是一码事吗？如果大家把量子力学的框架搭起来了，学会了从量子视角看问题，那原先很多看起来非常反直觉、不可思议的东西都会变得非常自然。

比如，被无数科普文贴上恐怖、诡异标签的单电子双缝干涉实验，如果从量子力学的角度看，它就是一个平平无奇的实验。

为什么那么多人觉得双缝实验诡异呢？因为他们是从经典力学视角看这个实验的。

从经典力学的视角来看，单电子双缝干涉实验比较“诡异”的地方有两个。第一，大家熟悉的干涉实验都是有大量粒子参与的。不同粒子之间产生干涉容易理解，但是，现在我们每次只发射一个电子，时间一长，屏幕上居然还能出现干涉图案，这就难以理解了。每次只发射一个电子，跟谁干涉？没有干涉对象怎么会有干涉图案呢？这就好像每个电子都有意识，知道自己前后的电子要往哪儿走似的，这种氛围确实让人觉得很诡异。

更加“诡异”的是第二个现象：我们一个个放出电子时，屏幕上会慢慢出现干涉图案，但是，一旦我们在缝隙后加一个探测器，想看看电子到底通过了哪条缝隙，干涉条纹就消失了。

从经典力学的视角来看，这里原本有个干涉图案，我“看”一眼电子要从哪儿经过，干涉图案就消失了。仿佛意识可以影响实验，或者电子能读懂我的心灵似的，这里再渲染一下气氛，那就不是诡异，而是恐怖了。

我去网上搜索了一下“双缝实验”，热搜词都是“恐怖”“骗局”“真相”，更夸张的连“双缝实验看见鬼”都冒出来了。一个科学实验竟然跟这些词有关联，估计也是绝无仅有了。

当然，从经典力学的视角来看，双缝实验的确非常诡异、恐怖。但是，从量子力学视角看，你会发现这就是一个非常自然的实验，它所体现的，无非就是量子力学最基本的一些特性。

首先，为什么每次发射一个电子也会出现干涉图案呢？

在量子力学里，我们用波函数（或态矢量）描述电子的状态，而这个状态是可以叠加的。也就是说，如果 Ψ_1 是电子的一个可能状态，Ψ_2 也是电子的一个可能状态，那么，它们的线性叠加 $\Psi=\Psi_1+\Psi_2$ 就是电子的一个可能状态（Ψ_1、Ψ_2 前面可以有不同的系数），这叫态叠加原理。

这个大家应该觉得很自然。在施特恩-格拉赫实验里，银原子可以处于自旋向上的本征态 Ψ_1，也可以处于自旋向下的本征态 Ψ_2，那么，它就可以处于自旋向上和自旋向下的叠加态 $\Psi=\Psi_1+\Psi_2$，这再正常不过了。而且，我们还知道测量力学量的概率是跟波函数的模的平方（$|\Psi|^2$）挂钩的。

然后，我们就会发现：叠加态对应的概率 $|\Psi|^2=|\Psi_1+\Psi_2|^2$ 并不等于原来各个状态的概率之和 $|\Psi_1|^2+|\Psi_2|^2$，它们之间还差了一个交叉项（小学数学老师也会经常强调“和的平方不等于平方的和”），而这个交叉项，就是干涉出现的原因。

其实，经典力学里波的干涉也是因为交叉项。因为波的强度也是平方相关的，所以，两个光波叠加的强度就不等于每个光波的强度之和（强度跟平方相关，会多出交叉项），而我们看到的明暗程度又跟光的强度有关，于是就出现了干涉条纹。

在量子力学里，两个波函数叠加的概率并不等于每个波函数的概率之和（$|\Psi_1+\Psi_2|^2\neq|\Psi_1|^2+|\Psi_2|^2$），所以叠加态的概率分布图像就不是原来两个概率图像的简单叠加，这样就出现了一种概率上的干涉。时间一长，概率大的地方就会积聚更多的粒子，于是，概率上的干涉图像就变成了真正的干涉图像。

也就是说，量子力学里的单电子双缝干涉跟经典干涉其实没什么区别，都是因为叠加性。经典力学里两个波可以叠加，量子力学里描述系统状态的两个波函数也可以叠加，而它们的可观测量

(强度和概率)又都是平方相关的,所以叠加后就会多出一个交叉项,然后就出现了干涉图案(图 35-1)。

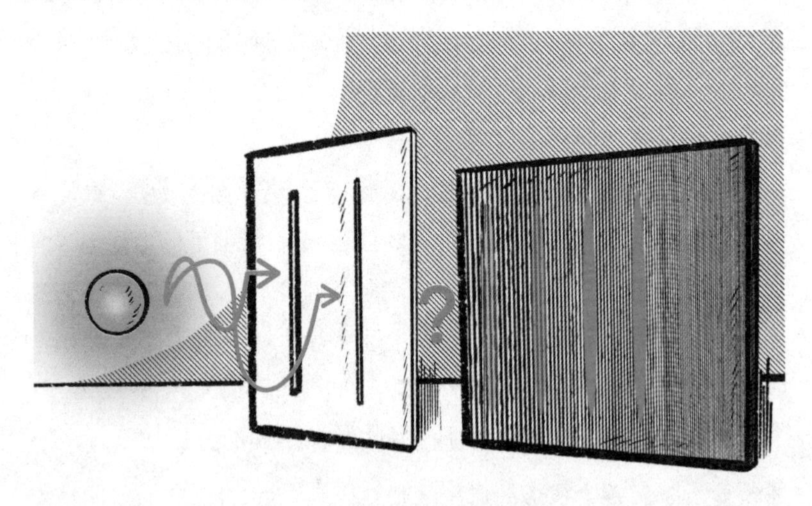

图 35-1　单电子双缝干涉实验

至于"看一眼干涉图案就消失了"那就更简单了。不管你用什么看,人眼、仪器或者一只狗,只要我们知道了电子是从哪个缝隙通过的,本质上就是通过跟系统的相互作用完成了一次测量。而量子力学里的测量是会改变系统状态的,它会让系统从原来的状态变成被测力学量的某个本征态,这我们太熟悉了。

因此,当你测量电子会通过哪个缝隙时,这个操作就改变了电子的状态,让电子从原来的状态变成了某个本征态。状态变了,概率分布也就变了,于是干涉图案自然就消失了。有的书上说"单电子的双缝干涉是电子自己跟自己干涉",其实是说这是电子的两个状态(通过缝隙 1 的状态和通过缝隙 2 的状态)之间的干涉,而测量过程会改变电子的状态,于是就破坏了干涉图案。

由此可见,如果我们建立起了量子力学框架,从量子力学视角看,双缝实验就是非常简单而且自然的。它无非就是在说"系统状态可以叠加,测量会改变系统状态"。

当然，我这里只是对双缝实验做了一个非常简单的介绍，目的就是让大家知道：如果我们学会了从量子力学视角看问题，很多你之前觉得奇怪、诡异、恐怖的问题都会变得非常自然。你觉得双缝实验恐怖，跟古人觉得闪电恐怖没什么区别，一旦掌握了看待这些问题的正确视角，它们都是非常自然的现象。

36 不确定性原理

很多人觉得不确定性原理也很神秘，其实它也很自然。大家看一张图很容易就明白了：

图 36-1(a)中，你很难说这个波在哪里，但却很容易说出两个波峰之间的距离(也就是波长)是多少；图 36-1(b)中，你很容易说这个波在哪里，却说不出它的波长是多少。也就是说，如果波长越精确(图(a))，波的位置就越不精确；如果波的位置越精确，波长就越不精确(图(b))。

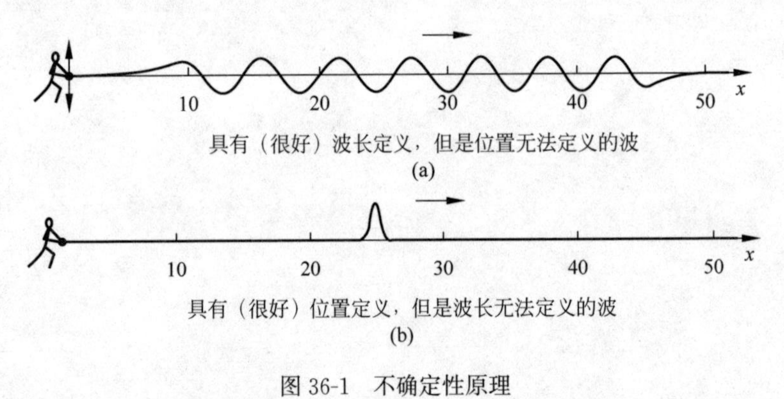

图 36-1　不确定性原理

在量子力学里，我们用波函数描述系统的状态，而波长 λ 跟动量 p 之间有一个简单的关系：$p=h/\lambda$。用动量代替结论中的波长，于是就有：动量越精确，位置就越不精确；位置越精确，动量就越不精确。

此外，我们也能看到，一个波的位置越确定，它的波长就越不确定，这是系统的内在属性，跟你测量不测量无关。海森堡一开始以为是测量干扰了其他物理量，进而导致测不准，后来才知道并不是这样。更加具体的情况，大家可以看第二篇“不确定性原理到底在说什么”。

37 量子力学诠释

量子世界还有许多激动人心的话题，比如薛定谔的猫、玻尔和爱因斯坦的论战、贝尔不等式、多世界理论、狄拉克方程、量子场论、量子纠缠、量子通信和量子计算等，这里就先不说了。但大家要清楚，我们能愉快讨论这些话题的前提，是你已经掌握了量子力学的基本框架，知道如何从量子力学视角思考问题，否则就只能是看个热闹。

例如，很多人都知道玻尔和爱因斯坦的论战，但很少有人知道他们到底在争什么。有些人只是给爱因斯坦贴了一个“反量子力学”的标签，认为爱因斯坦先是参与了量子力学的建立，成为权威后变保守了，又开始反对量子力学，那也太肤浅了。

为了搞清楚玻尔和爱因斯坦到底在争什么，我们要先搞清楚一件事，一件很重要但又很容易被忽略的事：量子力学的形式理论（或者说对量子力学的数学描述，也叫裸量子力学）和对量子力学的诠释是不一样的，我们一定要区分两者。

什么意思？我们观察自然界的各种现象，发现物理规律，然后用数学语言描述它。一开始，我们只要理论能给出正确的预言，计算结果能跟实验符合就行了，并不追问这些数学语言背后代表了什么样的物理现实。

比如，德布罗意提出了物质波假说以后，薛定谔就找到了对应的波动方程，也就是大名鼎鼎的薛定谔方程。通过薛定谔方程，我们能很好地描述各种量子现象。但是，对于薛定谔方程的解，也就是波函数到底是什么，大家却莫衷一是。

薛定谔

也就是说，虽然我们用波函数描述系统的状态，而且它工作得非常好。但是，这个波函数到底是个什么东西？它描述了粒子的真实状态（实在的），还是说只是我们认识粒子的工具，描述的仅仅是我们对粒子的认识状态（非实在的）？这其实是一个哲学上的本体论问题，我在本书里对此类问题只字未提。因为我在这里介绍的量子力学框架，实际上只是一套量子力学的数学描述，我们可以说它是量子力学的形式理论或裸量子力学。

如果我们想追问这套数学语言背后的物理图像，那就涉及量子力学的诠释了。所谓诠释，就是对一套数学语言背后的物理图像进行解读。我们用态矢量描述系统状态，用算符描述力学量，用薛定谔方程描述系统状态随时间的变化，这些都是对量子现象的数学描述，是量子力学的形式理论。对于这些，是所有人都承认的，无论爱因斯坦还是玻尔。

但是，如果我们想知道这套数学语言的背后对应了一个什么样的物理世界，想知道波函数到底是什么，诠释就出现了。面对同样一套形式理论，诠释可以是多种多样的，于是，玻尔和爱因斯坦的分歧就出现了。

爱因斯坦与玻尔

以玻尔为首的哥本哈根诠释认为：波函数并不描述粒子的真实状态，它只是我们认识量子世界的工具，波函数只有认识论上的意义。当我们测量时，波函数会瞬间坍缩。而且，虽然系统状态的演化遵守薛定谔方程，但测量导致波函数坍缩的过程却不遵守薛定谔方程。

哥本哈根诠释还有很多观点，这里就不一一列举了。玻尔他们通过这样一种诠释，构建了一幅相对完整的量子图像。这样，大家在处理量子力学问题时脑袋里就会有一个具体的画面。

当然，虽然哥本哈根的量子图像跟实验对得上，但它理论上的问题也很多：波函数在测量过程中瞬间坍缩，而且这个过程不满足薛定谔方程，那坍缩过程是如何发生的？测量在这里如此重要，那什么样的行为可以算是测量？为什么会有两类演化过程，一类遵守薛定谔方程，另一类不遵守薛定谔方程？量子世界和经典世界如此不一样，那把它们区分开来的界线到底在哪里？

更重要的是，哥本哈根诠释认为波函数并不描述电子的真实状态，它只是一个认识工具。他们认为根本就不存在什么真实的电子状态；只有当我们测量时发现了电子，才能说电子存在。因此，站在哥本哈根的角度，是我们的测量过程创造了电子，你不测量时电子就不存在。

这种说法彻底激怒了爱因斯坦，他说："难道我们不看月亮时，月亮就不存在了吗？"大家可能更熟悉爱因斯坦的另一句"上帝不投骰子"，但事实上，相比投不投骰子，爱因斯坦更在意月亮存不存在。大家经常在科普书里看到玻尔和爱因斯坦的论战，爱因斯坦反对的不是量子力学（没人反对量子力学的形式理论），他反对的是量子力学的哥本哈根诠释。

爱因斯坦非常讨厌哥本哈根诠释（薛定谔、德布罗意也是），于是，他就一边挑哥本哈根诠释的漏洞，一边找一些新诠释。但是，虽然哥本哈根诠释的问题很多，但它跟实验都对得上，而它的竞争对手们当时又太弱，爱因斯坦的超一流挑刺功力也在不断帮哥本哈根诠释打补丁。再加上玻尔、海森堡、玻恩这些人在量子力学领域的权威，爱因斯坦到死也只能看不惯它，却拿它没什么好办法。

埃弗雷特

爱因斯坦去世两年后，埃弗雷特提出了一种全新的量子力学诠释：多世界诠释。

这是一个在理论上极其简洁，但

在推论上似乎极其“荒诞”的诠释。多世界诠释甚至可以说是不要诠释的诠释,因为它的基本假设就两条:第一,系统状态由态矢量描述;第二,态矢量随时间的演化遵守薛定谔方程。(可见,它跟我们这里讲的形式理论并不太一样,所以,多世界诠释也不只是一个诠释,它还是一个独立的理论)

哥本哈根诠释的那些额外假设(测量导致的坍缩、量子和经典的边界问题等)它通通不要,玻恩规则在多世界诠释这里不是假设,而是结论。多世界诠释能跟所有实验符合,也不存在什么“不看月亮,月亮就不存在”的问题。

在多世界诠释(理论)里,波函数描述的是粒子的真实状态(实在的),测量只不过是仪器跟系统的相互作用,测量过程也遵守薛定谔方程,并没有什么波函数坍缩。它还有很多其他观点,这些观点一起也构成了一幅完整的量子力学图像,但是很明显,这是一幅完全不同于哥本哈根诠释的图像。

细节这里先不讲,以后再说。不过,从这里我们起码能看到:哥本哈根诠释里有波函数坍缩,多世界诠释里没有波函数坍缩;哥本哈根诠释里波函数不描述粒子的真实状态,多世界诠释里波函数描述粒子的真实状态;哥本哈根诠释里有量子-经典边界问题,多世界诠释里没有。

这两个诠释有很多不一样的地方,但它们都跟实验符合,你说我听谁的?

哥本哈根诠释有时也被称为正统诠释,很多教材也都是以哥本哈根诠释形式写的。时至今日,多世界诠释也有了非常多的支持者。然而,无论是哥本哈根诠释、多世界诠释,还是其他诠释,支持者的比例都很低,更多物理学家的选择是:不要诠释!

他们就拿量子力学的形式理论来做计算,能算、有用就行!至于它背后的物理图像，无论玻尔还是爱因斯坦，谁都不信，他们是“闭嘴计算派”。当然，闭嘴计算并不代表他们不关心诠释，没有哪个物理学家会真的不关心量子理论背后的图像。只不过，现有诠释的说服力实在都不太够，没有哪个诠释能让人特别信服，所以他们就干脆不管了。

因此，现在很多量子力学教材也会有意识地避免诠释问题，它们就只介绍量子力学的形式理论，只介绍我们是如何运用数学语言描述量子现象的，只介绍这套所有人都承认的东西。形式理论压根就不谈波函数有没有坍缩，它只说测量结果是对应算符的本征值之一。至于测量过程中到底发生了什么，是波函数坍缩了，还是世界分裂了，它不管。

有些朋友可能会感到很困惑：我学物理这么久了，为什么好像只在量子力学这里有诠释问题，学习其他理论时好像压根就没这事？比如，我们学习牛顿力学时，哪有什么诠释啊！

牛顿力学当然也有诠释，只不过，我们在牛顿力学里是采用三维空间中的实数和函数来描述质点和场的，这种描述具有很直接的空间意义。因此，大家对牛顿力学里什么概念代表什么物理意义，都能取得广泛的共识。一个石头往下落，描述这个过程的数学公式是这样的，大家脑中的物理图像也都是这样的，没人有异议。

但是，在量子力学里，我们是用希尔伯特空间中的矢量和算符来描述系统状态和力学量的，这是很抽象的数学结构。希尔伯特空间并不是我们日常接触的三维空间，这样一来，如何把数学概念和物理现实对应起来就比较麻烦了。于是，有人认为波函数描述了现实，有人认为并没有；有人认为测量时波函数坍缩了，有人认为没有坍缩。

不存在共识，也说明我们对量子世界的认识还不够深刻。随着理论和实验的进步，我们以后或许能区分不同的诠释，能搞清楚许多现在还不懂的事情，形成一幅所有人都同意的量子力学图像。到那时，自然就没人再提什么量子力学诠释了。

量子力学诠释是一个非常宏大而且深刻的话题，它不仅跟物理学有关，也跟哲学有关，可以说爱因斯坦的后半辈子一直都在思考它。

群星荟萃的第五届索尔维会议

在这本书里，我们只要知道有量子力学诠释这么回事，知道形式理论和诠释的关系，知道我们这里介绍的只是量子力学的形式理论就行了。

这样，有关量子力学的介绍就接近尾声了。

38 结语

在经典力学里，系统状态、可观测量和观测结果都是一样的，我们没必要刻意区分它们。到了量子力学，为了描述施特恩-格拉赫实验以及其他量子现象，我们必须区分三者。

我们用态矢量描述系统状态，用算符描述力学量，测量结果是对应算符的本征值之一，系统状态随时间的变化遵守薛定谔方程。

为了把抽象的态矢量具体化，我们要建立坐标系。然后，我们发现以力学量算符的本征矢量为基矢建立的坐标系是极好的，选取这样一组基矢就叫选取了一个表象。以位置算符的本征矢量为基矢建立的就叫位置表象，以动量算符的本征矢量为基矢建立的就叫动量表象，它们之间可以通过傅里叶变换相互转换。

选定了表象，我们就可以把态矢量投影到具体的坐标系里了，投影系数（坐标）就是波函数。于是，除了态矢量外，波函数也可以用来描述系统的状态。

然后，我们也写出了位置表象下的薛定谔方程，求解方程就能得到波函数。而要解薛定谔方程，就得先确定势函数。如果势函数不依赖时间，概率分布就不随时间变化，力学量的平均值也就不随时间变化，这样的状态我们称之为定态。因为定态下的能量具有确定值，所以定态也就是能量本征态。能量有确定值，求解定态薛定谔方程就能得到系统可以取的能量，这样能量是连续的还是离散的一看便知。

于是，我们就知道了量子力学里能量不连续的原因，也知道了量子力学处理问题的一般方法。掌握了量子力学的思考方式，你会发现很多大家熟悉的量子力学性质（比如能量可以不连续）都能推出来，很多大家觉得奇怪、诡异，甚至恐怖的问题（比如双缝干涉实验）也会变得非常自然。如果你已经建立了量子力学的基本框架并且了解了处理量子力学问题的一般方法，那么这本书的目的就达到了。

最后，我们还区分了量子力学的形式理论和诠释，这些内容后面会引申出非常多超级精彩的话题。但是，理解它们的前提是已经把量子力学的形式理论搞清楚了。

量子世界的大戏已经开幕，各位看官坐稳了。

第 2 篇

不确定性原理到底在说什么

提到量子力学，不确定性原理就是一个绕不开的话题。

不确定性原理非常直观地体现了量子力学和经典力学之间的差异，而且表述还非常简单。它既不像薛定谔方程那样需要微积分和分析力学的基础，也不像算符、矩阵那样需要线性代数的基础，所以基本上谁都能谈几句。但是，要想真正理解不确定性原理，就远没有看上去的那么简单了。

这种情况跟狭义相对论里的质能方程 $E=mc^2$ 很像，质能方程也是乍一看非常简单，似乎谁都能谈几句。但是，如果想真正理解质能方程，就必须深入狭义相对论语境。如果只是站在牛顿力学的角度，直接从字面意思来理解质能方程，那就会不可避免地带来各种误解（这些我在另一本书《什么是相对论》里已经详细说了）。

不确定性原理是量子力学的产物，我们也只有深入量子语境才能真正理解它，如果只是从牛顿力学的视角，单从字面意思去理解它，一样会产生各种稀奇古怪的误解。

39 常见的误解

不确定性原理的一个常见表述是“我们无法同时确定粒子的位置和动量”，有人还喜欢把“确定”替换为“测准”，说“我们无法同时测准粒子的位置和动量，你把粒子的位置测得越准，它的动量就越不准确，反之亦然”。

这就很容易让人这样错误地去理解不确定性原理：为什么无法同时测准位置和动量呢？因为如果这里有一个电子，你想测量它的位置就得用光子或者其他粒子去撞击它，想把电子的位置测得越准就得使用波长越短的光（波长太长就直接绕过去了）。而光的波长越短能量就越高，用越高能量的光子去撞击电子，就会把电子撞飞得越快，这样电子的动量就更加不确定了。于是，你越想测准电子的位置，就会对它的动量产生越大的干扰，进而让它的动量更加不确定，反之也一样。

许多人认为这就是无法同时确定电子的位置和动量的原因，并认为这就是不确定性原理想说的。这种说法很流行，很多科普文都这样介绍不确定性原理：正是因为用光子测量电子位置的操作干扰了电子的动量，所以无法同时确定电子的位置和动量。

为什么这种说法会很流行呢？第一，它看起来好像也没什么问题，而且通俗易懂，中学生都能理解；第二，不确定性原理的发现者——海森堡——一开始也是这么理解的。也就是说，海森堡在一开始也认为是测量过程中不可避免的干扰导致了我们无法同时确定粒子的位置和动量。

我在本书第一篇里也讲过，许多量子力学的科普文其实都是在讲量子力学诞生后的前 25 年的历史，既然是讲历史，那到了不确定性原理这里，自然就要讲一讲海森堡那些通俗易懂的思想实验。但是，如果你顺着历史再往后走几步，就会发现玻尔很快就批评了海森堡的这种思想，而海森堡自己也接受了。也就是说，海森堡只是在一开始是这样想的，他也只是在刚发现不确定性原理的时候觉得电子动量的不确定性是由“测量电子位置带来的干扰”导致的，但玻尔的批评很快就让他意识到这么想是不对的。

玻尔

时至今日，随便翻开一本量子力学教材，里面大概率都会清清楚楚地告诉你：不确定性原理并不是由测量导致的，它是粒子的固有性质，跟你测不测量无关。

其实，测量是仪器和被测物体之间的一种相互作用，仪器在测量过程中肯定会对被测物体产生一定的干扰，这在任何情况下都存在，并非量子力学特有的。这种仪器对被测物体的影响，在物理学上有另一个名字，叫观察者效应(observer effect)，它跟不确定性原理(uncertainty principle)有本质的区别。

在经典力学里，物体的位置和动量在理论上是确定的，但测量过程多少会对被测物体产生一定的影响，所以实际的测量总会存在一定的误差。

但量子力学却是在理论上就认为物体在一般情况下不存在确定的位置和动量，而且无论处于什么状态(本征态也好，叠加态也好)，都没法同时确定物体的位置和动量。这跟测量的精度或者测量过程产生的扰动都无关，而这，才是不确定性原理告诉我们的。

也就是说，对不确定性原理那种广为流传的解释其实是错的。他们把不确定性原理当成了观察者效应，认为是测量过程中的扰动造成了我们无法同时测准粒子的位置和动量，而没有意识到这种不确定性是理论上的，是粒子的固有性质，跟测不测量无关。

那么，这种理论上的不确定性是怎么来的呢?

40 力学量的平均值

在前文里我们就讲过，经典力学里的力学量在任何时候都有确定值，一个物体在任何时候都有确定的位置和速度，跟你测不测量、如何测量都无关。

但到了量子力学，力学量是否有确定取值却跟系统状态有关：如果系统处于本征态，那测量这个力学量时就有确定值；如果系统处于叠加态，那测量这个力学量时就没有确定值。因此，如果想讨论力学量的取值，就得先确定系统的状态，看看它是本征态还是叠加态。

以位置为例，如果电子处于位置本征态，那测量位置时就有确定值（该本征态对应的本征值）；如果电子处于位置叠加态，那测量位置时就没有确定值，而是有一定概率处于各个位置本征态对应的本征值。另外，有一点我们要特别注意：当系统状态确定以后，虽然电子的位置在一般情况下不确定，但它的平均值却是确定的。

比如，电子处于某个位置叠加态，测量时有70%的概率处于$x=1$处，有30%的概率处于$x=2$处，虽然我们不知道测量结果到底会是$x=1$还是$x=2$，但我们知道电子的位置平均值一定是$x=1\times0.7+2\times0.3=1.3$。

这就是说，只要系统状态确定了（无论是本征态还是叠加态），虽然力学量的具体取值一般不确定，但它的概率分布却确定了（详见第一篇里的玻恩规则部分），任意力学量的平均值也就随之确定了。平均值是个非常重要的概念，从这里我们也能看到量子力学的统计性质。

提到平均值，大家都非常熟悉。学校举行考试时，如果想对比两个班级的成绩，最常见的做法就是计算两个班级的平均分。计算方法也很简单，把一个班里所有人的成绩都加起来，再除以总人数就得到了这个班级的平均分。如果一班的平均分比二班高，那我们大体上就认为一班比二班考得好。

当然，虽然平均分很有用，但它的局限性也很大。特别是，当一个样本的数据波动过大时，平均值往往就很难反映真实情况了。就像大家经常调侃的，“如果把我的收入跟马云、马化腾平均一下，那大家也都是身价百亿的人了”，这样的平均显然没什么意义。

同理，如果二班的平均分要低一些，但我们仔细一看，却发现二班有大量同学考了 95 分以上，只是因为某些原因也有些人只考了几分，甚至 0 分，这少数超低分就把班级的平均分拉了下来。而一班绝大多数人都考了 70 多分，既没有考得很高的，也没有考得特别低的。这样一算平均分，一班确实比二班高了一点，你觉得这种情况下还仅凭平均分来判断两个班的成绩，还合适吗？

为什么平均分在这种情况下好像并不好用了呢？原因很简单，因为二班的成绩波动太大了，接近满分和接近 0 分的人都有很多，而计算平均分会把这些波动给抹掉。因此，如果我们想更好地描述二班的情况，那就得想办法描述这种波动，如何描述呢？

这时候，我们就要引入两个新的量：方差和标准差。

41 方差和标准差

方差是怎样体现班级的成绩波动的呢?

思路也很简单,一班的分数大多为70～80分,假设一班平均分是75分吧。当我们说一班的成绩波动很小时,我们其实是在说一班的大部分成绩都在75分这个平均分附近,它们相对平均分的波动很小。当我们说二班的成绩波动很大时,也是在说二班的大部分成绩距离二班的平均分(假设是74分)比较远,大家相对平均分的波动很大。

如果想计算一个班级的整体波动,那就得先把这个班级的平均分算出来,再把每个人相对平均分的波动算出来,最后把所有波动加起来再除以总人数,这样得到的结果就能大致反映一个班级的整体波动了,这也是计算方差的大致思想。

比如,一班的平均分是75分,有个同学考了70分,跟平均分差5分;有个同学考了80分,跟平均分也差了5分。我们把所有人跟75分这个平均分的差值都算出来,把它们加起来再除以总人数,得到的结果就能大致反映一班成绩的波动情况了。

但大家很快就会注意到:直接用每个人的分数减去平均分的差来度量这个波动是不行的。因为考了80分的同学减去平均分75等于5,考了70分的同学减去平均分75等于−5,你把它们直接加起来,那总的波动就是 $5+(-5)=0$ 了,这肯定不对。

要解决这个问题,很多人的第一反应是给它加个绝对值。没错,加了绝对值以后,负数就变成了正数($|5|+|-5|=5+5=10$),这样就不会再出现“正负相消”的情况了。这样处理在理论上没什么问题,但绝对值在具体计算时会比较麻烦,为了方便计算,以及一些其他原因,我们采用了另一种方式:计算它的平方。大家知道,负数的平方也是正数,这样它也能达到绝对值的效果,而且处理起来会更方便。

比如,对于考了 70 分的同学,我们用 70 减去平均分 75,再用它的平方 $(70-75)^2=25$ 来表示这个波动;对于考了 80 分的同学,我们就用 $(80-75)^2=25$ 来表示这个波动,以此类推。把所有人相对平均分的差的平方都加起来,再除以总人数,就得到了衡量班级整体波动水平的方差。

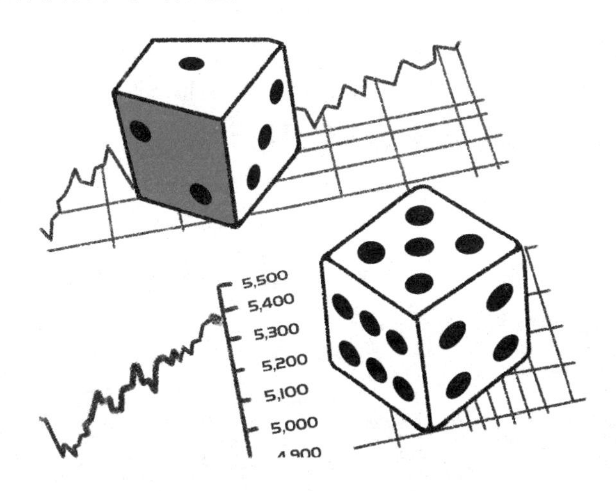

有了方差,我们就能看清各个班级成绩的波动情况了,也能清楚地看到二班的成绩波动确实比一班大。

一班的平均分是 75 分，大量考了 70 分的同学产生的波动只有 $(70-75)^2=25$；假设二班的平均分是 74 分，那考了 100 分的同学立马就会产生 $(100-74)^2=676$ 的波动，考了 0 分的同学更是以一己之力就能贡献 $(0-74)^2=5476$ 的波动值。闭着眼睛都知道，二班的方差肯定会远远大于一班，这也反映了二班成绩的波动远远大于一班。

因此，通过方差，我们确实能够判断样本的波动情况。不过，从上面的例子大家也能看到，方差虽然好用，但它的数值还是有点偏大(考了 0 分的同学对应的值竟然高达 5476，这让我们很难直观地作判断)。为了方便判断，我们对方差再开个根号(方差是 9，标准差就为 3)，这样就得到了标准差(一般用 σ 来表示)，后面我们使用的也都是标准差 σ。

平均值、方差和标准差都是概率统计里最基础的东西，大家在中学数学里也都学过，这里我就不再细说了。在这里，我们只要知道方差和标准差可以衡量一个样本的波动情况，方差、标准差大，就说明它们偏离平均水平越严重就行了。

42 不确定性原理

好，再回到主题。我们刚刚不是在讲不确定性原理的吗，为什么这里突然讲起了方差和标准差？

那是因为，大家经常看到的不确定性原理的表达式 $\Delta x \Delta p \geqslant \hbar/2(\hbar=h/2\pi)$，这里的 Δx 和 Δp 指的就是标准差，而不是大家先入为主地以为的测量误差。

什么意思？

意思就是，你经常看到的不确定性原理 $\Delta x \Delta p \geqslant \hbar/2$，它说的是位置 x 和动量 p 的标准差的乘积最小只能为 $\hbar/2$，它说的是统计意义上的标准差的乘积不能无限小，而不是说测量时的干扰误差。

很多人一看到 Δx，潜意识里就会认为这是一个微小的位置变化。到了不确定性原理 $\Delta x \Delta p \geqslant \hbar/2$ 这里，就很容易把 Δx 当成测量位置时由干扰带来的误差，这样就很容易陷入一开始说的那种对不确定性原理的错误理解中去，让我们误认为粒子的不确定性是由测量的扰动引起的。如果这里不是 Δx 和 Δp，而是 σ_x 和 σ_p，那不确定性原理是不是就没那么容易引起误解了呢?

在很多教材里，位置-动量不确定关系确实写作 $\sigma_x \sigma_p \geqslant \hbar/2$ ($\hbar = h/2\pi$)，这里的 σ_x、σ_p 并不是测量位置、动量时的干扰误差，而是从统计意义上来说的位置和动量的标准差。

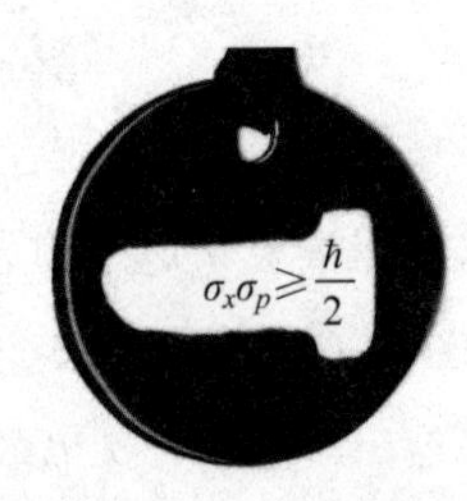

那么问题就来了：一个粒子的位置和动量，怎么会有统计意义上的标准差呢?

在经典力学里，这个概念当然是毫无意义的。经典力学的粒子在任何时候都有确定的位置和动量，它们没有任何波动，谈论单个粒子的位置和动量在统计意义上的平均值和标准差就显得非常多余。

但到了量子力学，情况就完全不一样了。在量子力学里，只有当系统处于位置本征态时，粒子的位置才是确定的；当系统处于位置叠加态时，粒子的位置就是不确定的，测量时有一定的概率处于这个位置，有一定的概率处于那个位置，我们还能算出具体的概率值。

当粒子有一定概率在这里，也有一定概率在那里时，我们不就可以计算粒子的位置平均值了吗?（假设有许多跟它一模一样的粒子，我们一个个去测量，再统计它们的平均值）有了平均值，每个可能的位置相对平均值的波动也能算出来，于是，我们就能计算出粒子的位置标准差 σ_x，动量标准差 σ_p 也一样。

这样一来，我们就能从统计意义上谈单个粒子的各种力学量的平均值、方差和标准差了，因为粒子的力学量在一般状态下并没有确定值。

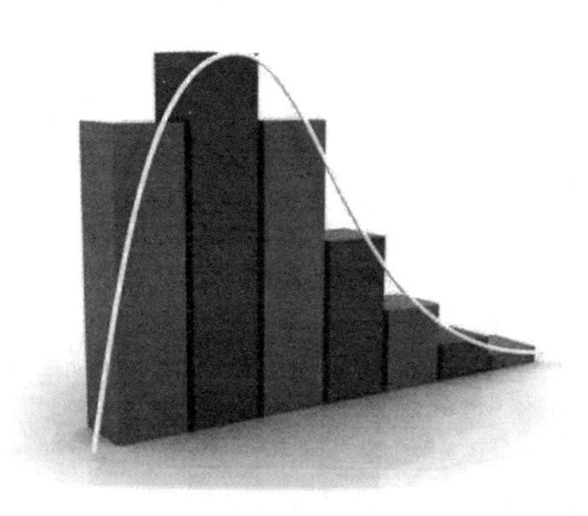

再回到前面的例子，我们假设电子处于某个位置叠加态，测量时有70%的概率处于 $x=1$ 处，有30%的概率处于 $x=2$ 处。虽然我们不知道测量时电子到底会在 $x=1$ 还是 $x=2$ 处，但我们知道它的平均值一定是 $x=1\times0.7+2\times0.3=1.3$。

而且，我们还知道这个平均值跟测不测量无关，只要系统状态确定了，概率分布确定了(70%的概率 $x=1$，30%的概率 $x=2$)，我们就能在测量之前把平均值 $x=1.3$ 算出来。算出了位置平均值，我们一样可以仿照班级考试的例子，算出电子在这个状态下位置的标准差 σ_x，并用它来衡量电子位置的波动情况。

因为这个 σ_x 也是在测量之前算出来的，所以我们不需要等测量结束，也不需要知道测量过程中到底有多大扰动就能算出电子的位置标准差 σ_x，它跟测不测量完全无关。

假如粒子处在状态一的时候，它有50%的概率处于 $x=4.9$

处，有 50%的概率处于 $x=5.1$ 处，此时的平均值为 $x=5$；粒子处于状态二的时候，它有 50%的概率处于 $x=1$ 处，有 50%的概率处于 $x=9$ 处，此时的平均值还是 $x=5$。这两个状态下粒子的位置平均值都一样，但显而易见状态二的波动更大，所以它的位置标准差 σ_x 也更大。同样，我们也能算出粒子在各个状态下的动量标准差 σ_p。

因此，只要系统状态确定了，不管有没有测量，我们都能算出粒子的位置和动量的标准差 σ_x、σ_p。那么，σ_x 和 σ_p 有什么关系呢？

经过一番数学推导，我们发现粒子在不同状态下虽然会有不同的位置标准差 σ_x 和动量标准差 σ_p，但无论系统状态如何变化，也无论 σ_x 和 σ_p 跟着如何变化，它们的乘积 $\sigma_x\sigma_p$ 都不可能小于 $\hbar/2$。这就是大家最为熟知的位置和动量的不确定关系 $\sigma_x\sigma_p\geqslant\hbar/2$。

这个推导过程我们后面再说，在这里，我们起码能清晰地看到：粒子的位置平均值是在测量之前就能算出来的，位置和动量的标准差 σ_x、σ_p 也是在测量之前就能算出来的，所以，经过数学推导得到的位置-动量不确定关系 $\sigma_x\sigma_p\geqslant\hbar/2$ 也是在测量之前就能得到的。

如果我们在测量之前就能得到这个关系式 $\sigma_x\sigma_p\geqslant\hbar/2$，那你还能说不确定性原理是由测量的扰动引起的吗？你都还没有开始测量，那还谈什么测量带来的干扰误差呢？

这样的话，大家能理解为什么我之前一直说“不确定性原理并不是由测量造成的，它是粒子的固有性质，跟测不测量无关”了吗？

43 一般的不确定关系

大的基调定下来之后，我们再来看看具体的推导过程。

在这里，我们先不盯着位置和动量，而是先考虑更一般的情况。假设有两个任意的力学量 A 和 B，系统状态确定以后，概率分布就确定了，我们就能算出力学量 A、B 的平均值，进而算出这两个力学量的标准差 σ_A 和 σ_B。

那么，不同力学量的标准差之间又有什么关系呢？

利用施瓦茨不等式，经过一番纯数学推导，我们就得到了这样一个关系式：

$$\sigma_A \sigma_B \geqslant \frac{1}{2} \mid \langle [A, B] \rangle \mid$$

具体的推导过程比较枯燥，我这里就不写了，感兴趣的可以自己去翻一翻量子力学教材。但大家要清楚，我们这里没有引入任何额外的假设，我们只是用了标准差的基本定义，然后利用施瓦茨不等式就得到了上面的不等式。所以，这是一个普适的关系式，是最一般的不确定关系。

它告诉我们：任意两个力学量的标准差的乘积 $\sigma_A \sigma_B$ 必须大于或等于这两个力学量的对易式 $[A, B]$ 的平均值（$\langle \rangle$ 代表求平均值）的绝对值的一半。

说起来有点拗口，但平均值和绝对值大家都很熟悉，这里真正起决定作用的是 A、B 的对易式$[A,B]$，只要对易式确定了，这个不等式就确定了。而算符 $\hat{A}$、$\hat{B}$ 的对易式是这样定义的：$[A,B]=\hat{A}\hat{B}-\hat{B}\hat{A}$，也就是把两个算符的作用顺序交换一下，再相减。

很多人看到这个对易式之后心里就在犯嘀咕：$\hat{A}\hat{B}-\hat{B}\hat{A}$ 不应该恒等于 0 吗？就像 $3\times5-5\times3=0$ 一样，任何两个数交换相乘的顺序，得到的乘积应该都一样，它们相减之后的结果肯定就是 0 啊！

如果$[A,B]$恒等于 0，那你定义这个又有什么意义呢？

3 x 5 = 15

5 x 3 = 15

没错，我们从小就学了乘法的交换律：如果 A、B 都是数，两个数交换顺序，最后的乘积肯定不变。所以 AB 一定等于 BA，$[A,B]=\hat{A}\hat{B}-\hat{B}\hat{A}$ 就一定恒等于 0。

但是，我们这里的 A、B 并不是数，它们是描述力学量的算符。我们确实从小就学了数的乘法交换律，但你有学过算符的乘法交换律吗？没有吧！也不可能学过，因为算符之间压根就没有普适的乘法交换律。有的算符之间可以交换乘法顺序，有的则不能，这跟数的情况完全不一样。

那么，算符的乘法是什么意思呢？两个算符之间可以交换乘法顺序又是什么意思？

44 对易式

在第一篇里我们讲过了，量子力学里用矢量描述系统状态，用算符描述力学量。算符可以作用在一个矢量上，把一个矢量变成另一个矢量。比如，我们对一个矢量进行平移、旋转、投影操作，就会对应有平移算符、旋转算符、投影算符。我们把平移算符作用在一个矢量上，就会把一个矢量平移到另一个地方，其他算符也类似。

在 $\hat{A}$、$\hat{B}$ 的对易式 $[A,B]=\hat{A}\hat{B}-\hat{B}\hat{A}$ 里，$\hat{A}$、$\hat{B}$ 都是算符，而系统状态 Ψ 是矢量，所以我们就可以把算符 $\hat{B}$ 作用在态矢量 Ψ 上，这样就得到了新的矢量 $\hat{B}\Psi$。而 $\hat{B}\Psi$ 也是一个矢量，那我们又可以把算符 $\hat{A}$ 作用在矢量 $\hat{B}\Psi$ 上，这样得到的新矢量就是 $\hat{A}\hat{B}\Psi$。

也就是说，算符是从右往左依次作用在矢量上的，$\hat{A}\hat{B}\Psi$ 就代表态矢量 Ψ 先被算符 $\hat{B}$ 作用了一次，然后又被算符 $\hat{A}$ 作用了一次。如果 $\hat{A}$ 代表平移算符，$\hat{B}$ 代表旋转算符，那 $\hat{A}\hat{B}\Psi$ 就代表先把态矢量 Ψ 旋转($\hat{B}$)了一下，再把这个矢量平移($\hat{A}$)了一下；而 $\hat{B}\hat{A}\Psi$ 就代表先把态矢量 Ψ 平移($\hat{A}$)了一下，再把这个矢量旋转($\hat{B}$)了一下。

这样一来，算符 $\hat{A}$、$\hat{B}$ 的对易式 $[A,B]=\hat{A}\hat{B}-\hat{B}\hat{A}$ 就很好理

解了。因为 $\hat{A}$、$\hat{B}$ 都是算符，$\hat{A}\hat{B}$ 和 $\hat{B}\hat{A}$ 表示两个算符的连续作用，那就还是一个算符，所以它们相减的结果 $\hat{A}\hat{B}-\hat{B}\hat{A}$ 仍然是一个算符。

既然是算符，那我们自然就可以把算符$[A,B]$作用在矢量 Ψ 上，这就相当于一方面先用算符 $\hat{B}$ 后用算符 $\hat{A}$ 作用在矢量 Ψ 上（得到了 $\hat{A}\hat{B}\Psi$ ）；另一方面先用算符 $\hat{A}$ 后用算符 $\hat{B}$ 作用在矢量 Ψ 上（得到了 $\hat{B}\hat{A}\Psi$ ），最后再把这两种方式得到的矢量相减 $\hat{A}\hat{B}\Psi-\hat{B}\hat{A}\Psi$ 。

如果先 $\hat{A}$ 后 $\hat{B}$ 作用在矢量 Ψ 上，与先 $\hat{B}$ 后 $\hat{A}$ 作用在矢量 Ψ 得到的结果是完全一样的，也就是说$[A,B]\Psi=\hat{A}\hat{B}\Psi-\hat{B}\hat{A}\Psi=0$，那就说明算符 $\hat{A}$、$\hat{B}$ 之间的乘法是可以交换顺序的，这时候我们说算符 $\hat{A}$ 和算符 $\hat{B}$ 是对易的。比如，在同一平面上的两个旋转算符就是对易的，你想想，在一个平面上（必须在同一个平面）先把矢量旋转角度 α，再旋转角度 β，得到的结果跟把矢量先旋转角度 β，再旋转角度 α 是不是一样的？

当然，并不是所有的 $\hat{A}\hat{B}\Psi-BA\Psi$ 都等于 0。当$[A,B]\neq 0$的时候，那就说明算符 $\hat{A}$、$\hat{B}$ 之间的乘法顺序不可交换，我们就说算符 $\hat{A}$ 和算符 $\hat{B}$ 不对易。比如，平移算符和空间反射算符就不对易，你想想，把一个矢量先向右平移一段，再以原点为中心翻转一下，跟你先把矢量翻转一下，再向右平移的结果一样吗？

再比如，同样一本书，你先围绕 x 轴旋转，再围绕 y 轴旋转，得到的结果跟你先围绕 y 轴旋转，再围绕 x 轴旋转的结果还一样吗？（图 44-1）

这些例子都非常简单，大家仔细琢磨一下，就会发现两个算符之间对易或者不对易都是有可能的。

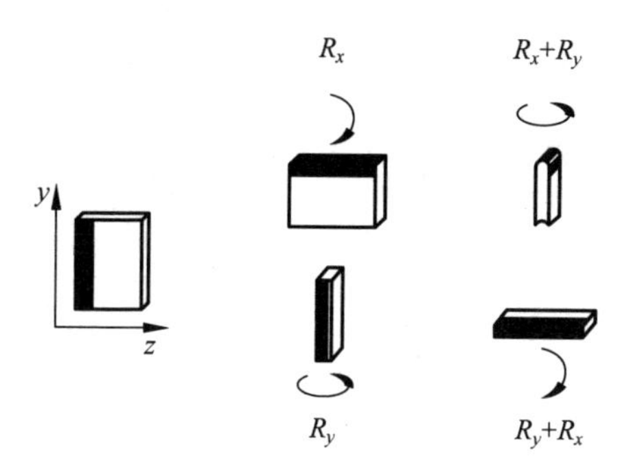

图 44-1　旋转次序不一样,结果也不一样

45 对易的力学量

理解了算符乘法和数的乘法之间的不一样之后，我们再回头看看那个最一般的不确定关系：

$$\sigma_A\sigma_B \geqslant \frac{1}{2}|\langle[A,B]\rangle|$$

如果力学量 A 和力学量 B 对应的算符是对易的，也就是说 $[A,B]=0$，那不等式的右边就变成了 0。于是，这个不等式就变成了“力学量 A 和 B 的标准差的乘积 $\sigma_A\sigma_B\geqslant 0$”。

有人说：这不是显而易见的吗？标准差 σ 肯定是大于或等于 0 的啊！我们在求方差的时候就是先加了个平方，确保所有的数都非负，标准差不过是对方差再开根号，那结果肯定还是非负啊！所以，当力学量 A、B 对应的算符对易时，这个式子相当于在说“它们标准差的乘积大于或等于 0。”这相当于什么都没说。

话不能这么说，当力学量 A、B 对易，也就是 $[A,B]=0$ 的时候，最一般的不确定关系给出的限制是 $\sigma_A\sigma_B\geqslant 0$。虽然标准差确实都大于或等于 0，但如果不确定关系给出的限制是 $\sigma\geqslant 0$，这起码说明 σ 可以取 0。因为如果限制是 $\sigma\geqslant 3$，那 σ 就不能取 0、1、2 了。所以，如果力学量 A、B 对易，最一般的不确定关系给出了限制 $\sigma_A\sigma_B\geqslant 0$，这起码说明：它允许力学量 A、B 的标准差同时为 0，也

就是允许 $\sigma_A=\sigma_B=0$。

那么，允许力学量 A、B 的标准差同时为 0，这又意味着什么呢？

前面我们讲过了，标准差是反映样本波动情况的。在量子力学里，如果系统状态 Ψ 确定了，概率分布也就随之确定了，我们就可以算出这个状态下任意力学量的平均值，进而求出它们的标准差 σ。我们还知道标准差都是非负的，这就意味着力学量可以取的值里只要有一个不等于平均值，它就会让力学量的标准差 $\sigma>0$。

比如，还是假设粒子有 70%的概率位于 $x=1$ 处，有 30%的概率位于 $x=2$ 处，在这个状态里，粒子的位置平均值 $x=1\times0.7+2\times0.3=1.3$。又因为粒子可以取的两个值 $x=1$ 和 $x=2$ 都不等于平均值 1.3，那它们在计算方差时肯定会产生大于零的 $(1-1.3)^2=0.09$ 和 $(2-1.3)^2=0.49$，最终的方差和标准差都大于 0。

如果你想让这个粒子的位置标准差 $\sigma_x=0$，那就必须让粒子所有可能取的位置都等于它的平均值。因为只有这样，每个位置减去平均值的结果才是 0，一堆 0 加起来还是 0，于是标准差才能为 0。

那么，“粒子所有可以取的位置都等于平均值”又意味着什么呢？我们知道，系统状态确定后，平均值就是一个定值。你想让粒子所有可以取的值都等于平均值，那粒子的位置只能取一个值，并且就等于它的平均值。

那么，粒子的位置在什么情况下只能取一个值呢？这个答案我们就非常熟悉了：当粒子处于位置本征态的时候。

绕了一圈，我们发现如果想让粒子的位置标准差 $\sigma_x=0$，那就必须让粒子处于位置本征态，这样，我们就在标准差和系统状态之间搭起了一座桥梁。

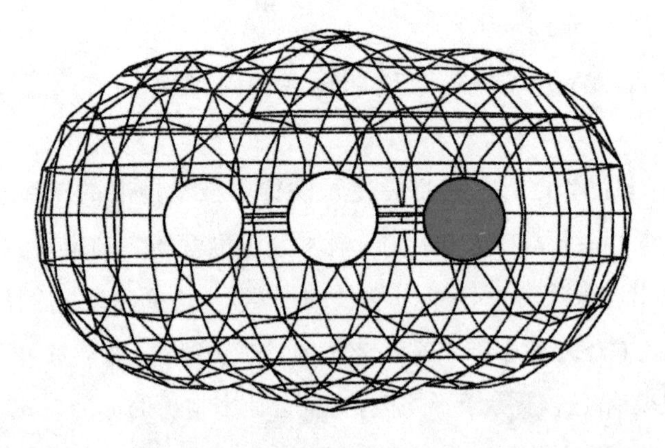

其实,只要稍微想一下,你就会觉得这是非常自然的事情:当电子处于位置本征态时,它的位置就只能取这一个值,那自然就没有波动,标准差 σ_x 也为 0;当电子处于位置叠加态时,它的位置可以取多个值,那平均值自然就不可能再跟所有的值一样,这样就有了波动,标准差 σ_x 也不再为 0。

总而言之,我们发现如果两个力学量 A、B 对易,那最一般的不对易关系就变成了 $\sigma_A\sigma_B \geqslant 0$,它允许 A、B 的标准差同时为 0。而标准差为 0 就意味着系统必须处于该力学量的本征态,如果 $\sigma_A = \sigma_B = 0$,那就意味着粒子必须处于力学量 A 的本征态,同时也必须处于力学量 B 的本征态。

换句话说,如果力学量 A、B 对易,那它们就可以拥有共同的本征态。当系统处于它们的共同本征态时,力学量 A、B 的标准差 σ_A 和 σ_B 同时等于 0,而这个结果并不违反 $\sigma_A\sigma_B \geqslant 0$。

46 不对易的力学量

如果力学量 A、B 不对易，那情况就完全不一样了。

相信大家也知道，位置和动量就是一对不对易的力学量。为什么位置和动量不对易呢？我们可以来算一下。

在“什么是量子力学”里我们就讲过，动量算符 $\hat{p}$ 在位置表象下可以写成 $-\mathrm{i}\hbar\partial/\partial x$，位置在它本身的表象里自然就是 x。我们想看看它们是否对易，那把它们代入对易关系 $[x,p]=xp-px$ 算一算就行了。

如果 $[x,p]=0$，那就说明位置和动量对易；如果 $[x,p]\neq 0$，那就说明位置和动量不对易。

算符可以作用在矢量和函数上，把它变成另一个矢量和函数。既然位置算符 $\hat{x}$ 和动量算符 $\hat{p}$ 都是算符，它们的对易关系 $[x,p]=\hat{x}\hat{p}-\hat{p}\hat{x}$ 也是算符，那我们就让 $[x,p]$ 作用在函数 $f(x)$ 上：

$$
\begin{aligned}
[x,p]f(x) &= \left[x\frac{\hbar}{\mathrm{i}}\frac{\mathrm{d}}{\mathrm{d}x}(f)-\frac{\hbar}{\mathrm{i}}\frac{\mathrm{d}}{\mathrm{d}x}(xf)\right] \\
&= \frac{\hbar}{\mathrm{i}}\left(x\frac{\mathrm{d}f}{\mathrm{d}x}-x\frac{\mathrm{d}f}{\mathrm{d}x}-f\right) \\
&= \mathrm{i}\hbar f(x)
\end{aligned}
$$

计算过程都非常简单，因为 $[x,p]$ 是作用在一元函数 $f(x)$ 身上，因此动量算符里的偏导数$\partial/\partial x$就可以直接改成$\mathrm{d}/\mathrm{d}x$，我们在分子分母上同时乘以一个虚数单位 i，就成了上面的样子。

计算的第一步就是把$[x,p]f(x)$展开为$xpf(x)-pxf(x)$，再把动量算符代入进去。$\hat{x}\hat{p}f(x)$表示我们先用动量算符$\hat{p}$作用在函数$f(x)$上，再用位置算符$\hat{x}$去作用；$pxf(x)$只是调换了下顺序，表示先用位置算符$\hat{x}$作用在函数$f(x)$上，再用动量算符$\hat{p}$去作用。

第二步就是套了一个乘积的求导公式，然后发现前两项可以消去，最后就得到了结果$\mathrm{i}\hbar f(x)$。

从这个结果我们可以看到：$[x,p]f(x)$并不等于0，而是等于$\mathrm{i}\hbar f(x)$。我们把$f(x)$都去掉，就得到了位置算符$\hat{x}$和动量算符$\hat{p}$的对易关系：

$$[x,p]=\mathrm{i}\hbar$$

因为$[x,p]\neq 0$，所以位置和动量不对易。这个式子非常重要，它被称为正则对易关系。

在经典力学里，任何力学量都可以写成位置x和动量p的函数，所以，量子力学里任何有经典对应的力学量之间的对易关系，都可以从位置-动量这个最基本的正则对易关系里导出来。

从更深的意义上来说，量子力学里各种神奇的特性最终都可以追溯到这个最基本的对易关系上来。因此，有的教材是把正则对易关系$[x,p]=\mathrm{i}\hbar$当作基本假设提出来的。

大家再看看下这个对易式$[x,p]=\hat{x}\hat{p}-\hat{p}\hat{x}=\mathrm{i}\hbar$，它告诉我们：对于同一个函数$f(x)$，先用动量算符$\hat{p}$作用再用位置算符$\hat{x}$作用的结果$\hat{x}\hat{p}f(x)$，跟先用位置算符$\hat{x}$作用再用动量算符$\hat{p}$作用的结果$\hat{p}\hat{x}f(x)$竟然不一样，它们的差并不等于0，而是等于$\mathrm{i}\hbar f(x)$。

47 位置-动量不确定关系

有了位置算符 $\hat{x}$ 和动量算符 $\hat{p}$ 之间的对易关系$[x,p]=\mathrm{i}\hbar$，我们把它代入最一般的不确定关系：

$$\sigma_A\sigma_B \geqslant \frac{1}{2}|\langle[A,B]\rangle|$$

就得到了位置算符 $\hat{x}$ 和动量算符 $\hat{p}$ 的不确定关系($\hbar=h/2\pi$)：

$$\sigma_x\sigma_p \geqslant \frac{\hbar}{2}$$

这就是位置和动量之间的不确定性关系，也是大家最常见的不确定性原理。

只不过，大家平常看到的大多是用 $\Delta x\Delta p$ 来表述的，我们这里用了更加不容易引起误解的标准差 $\sigma_x\sigma_p$，这样大家一看就知道我们这是从统计意义上来说不确定性原理了。

位置-动量不确定关系告诉我们：位置算符 $\hat{x}$ 和动量算符 $\hat{p}$ 的标准差的乘积 $\sigma_x\sigma_p$ 有一个最小值$\hbar/2$，它不能无限小，更不能等于0。因此，σ_x 和 σ_p 不能同时为0。

而我们又知道，只有当系统处于力学量的本征态时，对应力学量的标准差 σ 才为0。你现在说 σ_x 和 σ_p 不能同时为0，那就意味着系统不能同时处于位置和动量的本征态。否则，位置的标准差

$\sigma_x=0$，动量的标准差 $\sigma_p=0$，这就违背了它们之间的不确定关系 $\sigma_x\sigma_p\geqslant\hbar/2$。

因此，当我们测量一个粒子的位置时，系统会从原来的状态变成某个位置本征态。当系统处于位置本征态时，粒子的位置就只可能取一个值，位置的标准差 $\sigma_x=0$，此时动量的标准差 σ_p 就变成了无穷大（这里 0 和无穷大相乘并不等于 0，具体原因这里不细谈）。看上去就是位置和动量之间会相互影响，这样它们的标准差 σ_x、σ_p 才不会同时为 0。

这样的话，两个力学量是否对易，就决定了它们的标准差能否同时为 0，进而决定了它们能否拥有共同的本征态，决定了它们是否独立。大家要好好理一理这一串逻辑链条，它对理解量子力学是非常有帮助的。

明白了这些，再想想一开始的问题，你还会觉得位置和动量的这种不确定关系是由于测量时的扰动造成的吗？我们没有测量时，系统状态随着薛定谔方程演化，位置和动量的标准差 σ_x、σ_p 也会随之变化，但不论 σ_x 和 σ_p 怎么变，它们之间都遵守 $\sigma_x\sigma_p\geqslant\hbar/2$。

所以，即便没有测量，位置和动量的不确定关系 $\sigma_x\sigma_p\geqslant\hbar/2$ 一样存在。造成这种现象的根源是位置算符和动量算符之间的不对易 $[x,p]=\mathrm{i}\hbar$，而不是测量时有没有扰动。

48 傅里叶变换

为了让大家更好地理解这种不对易关系，我们再来看一个更加形象的例子。

假如这里有一头大象，从前面看，你能非常清楚地看到大象的眼睛，却看不清楚大象的身体；从侧面看，你能非常清楚地看到大象墙壁般的身体，但又看不清楚大象的眼睛了。当然，你还可以更换角度，从不同角度看，大象的眼睛和身体的清晰度会不一样，但你找不到一个角度既能看清楚大象的眼睛，又能看清楚大象的身体。

这跟位置和动量的不确定关系就有点像了：我们可以找到一个角度“看清”粒子的位置，让测量时粒子的位置有确定值，这时候位置的标准差 σ_x 最小（位置本征态）；也可以找一个角度“看清”粒子的动量，让测量时粒子的动量有确定值，这时候动量的标准差 σ_p 最小（动量本征态）。但是，你找不到一个角度能同时“看清”粒子的位置和动量，让位置的标准差 σ_x 和动量的标准差 σ_p 同时达到最小值（无法同时处于位置和动量的本征态），它们之间有 $\sigma_x\sigma_p \geqslant \hbar/2$ 这样一个绕不过去的门槛。

这样一来，我们能更清晰地看到：之所以无法同时看清楚大象的眼睛和身体，并不是因为测量仪器不够精确，也不是因为测量时有什么扰动。而是因为大象的眼睛和身体一个在正面，一个在侧面，大象的这种身体结构决定了我们无法同时看清楚这两者，这是大象的“固有性质”，跟测不测量无关。

同理，我们无法同时确定粒子的位置和动量，也不是因为测量仪器不够准确，不是因为测量时有什么扰动。而是因为粒子的位置和动量是不对易的，是位置和动量的这种关系 $[x, p] = \mathrm{i}\hbar$ 决定了我们无法同时确定这两者，这也是粒子的固有性质，跟测不测量无关。

学过“信号与系统”的人肯定一眼就能看出来，我们处理信号既可以从时域看，也可以从频域看，不同角度看到的样子并不一样，它们之间就差了一个傅里叶变换。

在量子力学里，同一个波函数从位置表象切换到动量表象，它们之间也是差了一个傅里叶变换。也就是说，对于同一个波函数，在位置表象里长这样，你想看看它在动量表象里长什么样，进行一个傅里叶变换就行了。

如图 21-2 所示，同样两个正弦波，当我们从正面看的时候，它是一些波叠在一起的；当你从侧面看时，它就变成了两个尖尖，只在两个地方有取值。你从正面看到的是波，从侧面看到的是点，但你无法找到一个角度既看到波又看到点，波和点之间就差了一个傅里叶变换。

粒子的位置和动量之间的不确定性也是这么回事。当粒子处于位置本征态时，你能完全确定粒子的位置，粒子在位置上只能取一个值，在图像上就是只在一个点上有取值。这时候，我们通过傅里叶变换切换到动量视角，就会发现对应的图像是一个平面波，它说明粒子取任何动量值的概率都一样，这样动量就完全不确定了。

于是，粒子的位置完全确定了，动量就完全不确定了，这是傅里叶变换的自然结果。因此，当我们从不同角度审视同一个东西时，会出现那种不确定关系其实是非常自然的一件事。

另外，虽然我们没法同时看清楚一头大象的眼睛和身体，但如果这里有两头大象，你想同时看清楚一头大象的眼睛和另一头大象的身体，那就轻而易举了。所以，不同粒子间的所有力学量都是对易的，你想同时确定一个粒子的位置和另一个粒子的动量显然是没有任何问题的。

明白了这些，大家对粒子的位置和动量之间的不确定关系有一个比较直观的认识了吗？你还会觉得不确定性原理是由测量的扰动导致的吗？

49 能量-时间不确定关系

除了位置和动量，常见的不确定关系还有另一组，那就是能量 E 和时间 t 的不确定关系：

$$\Delta t \Delta E \geqslant \frac{\hbar}{2}$$

从形式上来看，它跟位置和动量的不确定关系式 $\sigma_x \sigma_p \geqslant \hbar/2$ 几乎一模一样。回想一下位置-动量不确定关系的推导过程，我们先是得到了最一般的不确定关系：

$$\sigma_A \sigma_B \geqslant \frac{1}{2} \mid \langle [A, B] \rangle \mid$$

然后把位置和动量的对易关系 $[x, p] = \mathrm{i}\hbar$ 代入上式，就得到了位置和动量的不确定关系 $\sigma_x \sigma_p \geqslant \hbar/2$。

于是，有些人就会想：能量和时间的不确定关系是不是也是这样，也是把能量和时间的对易关系（如果有的话）代入之后就能得到。

在前面讲位置-动量的不确定关系时，为了让大家意识到我们谈论的是位置和动量的标准差 σ，而不是测量时的扰动，我特地用 σ_x 和 σ_p 替换了更常见的 Δx 和 Δp。但到了这里，我并没有使用 σ_t 和 σ_E，而是直接使用 Δt 和 ΔE 来表示能量和时间的不确定关系，为什么？

难道到了这里，我就不再怕大家把 Δt、ΔE 理解为测量时间和能量时的扰动了吗？怕，当然怕，特别是能量的标准差 ΔE。

我们确实可以像谈论位置、动量的标准差 σ 那样谈论能量的标准差，我们这里的 ΔE，也确确实实指的是能量的标准差 σ_E。但是，这个式子里还有一个非常特殊的量——时间 Δt，它指的是时间的标准差 σ_t 吗？慢着，你先告诉我：时间的标准差是个什么东西？

位置、动量、能量等力学量的标准差好理解，系统状态确定以后，概率分布也随之确定了，我们就可以求出各个力学量的平均值，进而求出它们相对平均值波动的标准差。但是，时间的平均值是什么？你又要如何计算相对“时间平均值”波动的方差和标准差？

相信大家已经看到问题的关键了：在量子力学里，时间并不是一个力学量，而只是一个参数，它跟位置、动量、能量这些力学量有本质的区别。

你可以在任何时刻测量粒子的位置、动量、能量这些力学量，但是，你能测量粒子的“时间”吗？当你说粒子的“时间”时，你是不是自己都觉得有点可笑？哪里有什么粒子的“时间”，时间在量子力学里是一个参数，各个力学量都是时间的函数，它们随时间变化，粒子并没有一个叫“时间”的力学量在随着时间变化。

当系统状态确定后，我们可以计算位置的平均值，也可以计算动量、能量的平均值，但你没法从统计意义上计算时间的平均值，于是也没有什么时间的标准差。所以，我们写一个 σ_t 出来是没有意义的。

当然，在狭义相对论里，时间和空间获得了平等的地位，你确实可以平等地处理时间 t 和空间 x。但我们现在讨论的是非相对论性量子力学，薛定谔方程也是非相对论性的，所以，我们不能像位置-动量不确定关系那样理解能量-时间的不确定关系。

那么，我们要如何考虑 $\Delta t \Delta E \geqslant \hbar/2$ 呢？特别是，我们要如何看待这里的 Δt？

50 时间的意义

在第一篇里我们讲过一个结论：定态就是系统的能量本征态。

从表面上看，能量本征态只是系统具有确定能量的状态，似乎并没有不随时间变化的意思，那为什么还要说它“定”呢？那是因为，虽然此时的波函数依然跟时间有关，但概率分布却不随时间变化，于是，任何力学量的平均值也不随时间变化。这是概率分布和力学量平均值都不随时间变化的状态，所以我们称之为“定态”。

当系统处于能量本征态的时候，能量的取值是确定的，因此能量的标准差 $\Delta E=0$。根据能量-时间的不确定关系 $\Delta t\Delta E\geqslant\hbar/2$，当 $\Delta E=0$ 的时候，Δt 必然就要变成无穷大，这跟位置-动量的不确定关系是一样的。这就暗示我们：当系统处于能量本征态时，由于 $\Delta E=0$，所以某个跟时间相关的 Δt 会变成无穷大。那么，这时候有什么跟时间相关的量会变成无穷大呢？

我们已经知道能量本征态是定态，是力学量的平均值都不随时间变化的状态，位置、动量这些力学量的平均值这一刻是这样，下一刻还是这样，永远都不会变化。换句话说，此时各个力学量的平均值的变化周期 T 变成了无穷大。

大家想想是不是这么一回事？一个东西不动了，我们也可以说是它的变化周期变成了无穷大。摆钟每秒摆动一次，它的摆动周期是 1 秒；如果它 10 秒摆动一次，那摆动周期就变成了 10 秒，我们就会觉得这个钟摆变慢了许多；如果摆动一次需要无穷大的时间值，那它的摆动周期就会变成无穷大，我们就会觉得这个摆钟不动了，也就是说它不再随时间变化。所以，当系统处于能量本征态时，它的标准差 $\Delta E=0$。与此同时，各个力学量的平均值也不随时间变化(定态)，我们也可以说力学量平均值的变化周期 T 变成了无穷大，而这个跟时间相关的变化周期 T，正是 $\Delta t\Delta E\geqslant\hbar/2$ 里的 Δt。

也就是说，能量-时间不确定关系里的 Δt 不是什么时间的标准差，也不是测量时间的扰动，而是各个力学量的平均值的变化周期 T。

于是，当位置、动量这些力学量的平均值变化很快时(Δt 很小)，能量的不确定度就越大，标准差 ΔE 就越大；当任意力学量的平均值变化很慢时(Δt 很大)，能量的不确定度就越小，标准差 ΔE 就越小；当任意力学量的平均值不变时(Δt 无穷大)，能量的不确定度 ΔE 就等于 0，也就是说能量完全确定了，那这就是能量本征态(定态)。

如果这样还不好理解，那我们再换个角度。你想想，如果系统不是处于能量本征态，而是处于两个能量本征态的叠加态，那系统的能量就不是确定值了，测量时就会有一定概率处于这个能量的本征值，有一定概率处于那个能量的本征值，能量的标准差 ΔE 也不再为 0。

又因为系统处于两个能量本征态的叠加态，这不是定态，所以各个力学量的平均值也不会是定值，而会随着时间 t 变化，那力学量平均值的变化周期 $T(\Delta t)$ 自然也不再是无穷大。所以，当系统不是能量本征态(定态)的时候，能量的标准差 $\Delta E>0$(变大了)，力学量平均值的变化周期 Δt 就不再是无穷大（变小了），此消彼长，它们的乘积仍然满足 $\Delta t\Delta E\geqslant\hbar/2$。

能量-时间的不确定关系比动量-位置不确定关系要难理解一些，因为时间在量子力学里只是一个参数，跟位置、动量、能量这些力学量有本质的区别。它的推导过程也更加复杂，需要大家有一定分析力学的基础。

总之，目前大家只要知道 $\Delta t\Delta E\geqslant\hbar/2$ 里的 Δt 不是时间的标准差，而是力学量平均值的变化周期 T 就行了。

51 结语

再回过头看看，不确定性原理的表述和公式看起来都很简单，似乎谁都能看懂。但是，想要真正理解这些内容，还是得先建立量子力学的基本框架，学会从量子视角看问题，否则就会造成各种误解。

这种误解在量子力学里非常普遍。很多人一听到量子力学里说能量不连续，立即就觉得能量在任何情况下都是不连续的，并且臆想时间、空间也都是不连续的；一听到不确定性原理说无法同时测准位置和动量，就以为这是测量带来的干扰；看到量子力学都在描述微观粒子，就觉得量子力学只在微观世界有效；一听到量子力学里谈概率，就觉得在量子力学里任何事情都是概率性的。

只要你还没有建立量子力学的基本框架，只要你还是从经典力学的视角看待量子世界的各种现象，这样的误解几乎是不可避免的。

大家想想看，为了把一个看似简单明了的不确定性原理说清楚，我们依赖了多少“量子力学是什么”里的内容？

如果我们不知道量子力学的基本框架，不知道叠加态、本征态以及统计诠释，我们很难想象不确定性原理里的 Δx、Δp 竟然指的是统计意义上的标准差σ_x、σ_p，那各种误解就在所难免了。正因为

我们知道 Δx、Δp 指的是标准差，我们才能清楚地看到：测量之前的位置和动量一样有标准差 σ_x、σ_p，一样满足 $\sigma_x\sigma_p \geqslant \hbar/2$，它的根源是位置和动量之间的不对易 $[x,p]=\mathrm{i}\hbar$，而不是测量带来的扰动。

至于能量-时间不确定关系，这里不仅需要我们理解能量本征态和定态，还要理解时间 t 在量子力学里不是力学量，而只是一个参数，所以我们不能把 $\Delta t\Delta E \geqslant \hbar/2$ 里的 Δt 理解为时间的标准差，而只能理解为力学量平均值的变化周期，这对量子力学的基础要求就更高了。

因此，我要先花大力气写“量子力学是什么”，先帮大家把量子力学的基本框架搭起来，让大家养成从量子视角看问题的习惯，然后才能谈后面的。虽然搭框架的过程比较枯燥，不能一上来就讨论那些精彩的量子话题，但只有这样，我们才能打牢基础，才能在以后真正有机会深入讨论那些精彩的话题。否则，就只能在量子力学的世界里收获无穷无尽的“误解”。

关于不确定性原理，就先讲这么多吧。

参考文献

[1] 格里菲斯.量子力学概论[M].贾瑜,胡行,李玉晓,译.北京:机械工业出版社,2009.

[2] 樱井纯,拿波里塔诺.现代量子力学[M].2版.丁亦兵,沈彭年,译.北京:世界图书出版公司,2014.

[3] 喀兴林.高等量子力学[M].2版.北京:高等教育出版社,2001.

[4] 塔诺季.量子力学[M].刘家谟,陈星奎,译.北京:高等教育出版社,2014.

[5] 曾谨言.量子力学[M].5版.北京:科学出版社,2013.10.

[6] 狄拉克.狄拉克量子力学原理[M].凌东波,译.北京:机械工业出版社,2017.

[7] 张永德.量子力学[M].北京:科学出版社,2017.

[8] 苏汝铿.量子力学[M].2版.北京:高等教育出版社,2002.

[9] 王正行.量子力学原理[M].3版.北京:北京大学出版社,2020.

[10] 诺依曼.量子力学的数学基础[M].凌复华,译.北京:科学出版社,2020.

[11] 张永德.量子信息物理原理[M].北京:科学出版社,2005.

[12] 张永德.量子菜根谭:现代量子理论专题分析[M].3版.北京:清华大学出版社,2016.

[13] SHANKAR R.耶鲁大学开放课程:基础物理Ⅱ——电磁学、光学和量子力学[M].刘兆龙,吴晓丽,胡海云,译.北京:机械工业出版社,2019.

[14] 库马尔.量子理论:爱因斯坦与玻尔关于世界本质的伟大论战[M].包新周,伍义生,余瑾,译.重庆:重庆出版社,2012.

[15] 郭奕玲,沈慧君.物理学史[M].2版.北京:清华大学出版社,2005.

[16] 霍布森.物理学的概念与文化素养[M].秦克诚,刘培森,周国荣,译,北京:高等教育出版社,2008.

[17] 卡伦德,赫盖特.物理与哲学相遇在普朗克标度[M].李红杰,译.长沙:湖南科学技术出版社,2013.

后　记

量子力学是一门光听名字就能让无数人兴奋不已的学科，这里有数不清的精彩话题，有各种各样神奇的物理现象，还有一大群家喻户晓的科学家和他们的精彩故事。只要你对物理世界还有一丝好奇心，你就会忍不住想要弄清楚量子力学到底在说什么，想知道这些神奇现象的背后又隐藏着什么，那些鼎鼎大名的科学家们又在争论什么。

但是，想搞清楚“量子力学到底在说什么”并不是一件容易的事。很多人翻开量子力学教材，光是看到薛定谔方程头就大了；去看科普文、科普书，里面又大多讲的是量子力学前 25 年的历史，以及科学家在量子初创期的各种故事，并没有系统地讲量子力学本身。而且，量子力学初期的思想比较混乱，里面有很多半经典半量子的思想，如果只知道这些历史，反而会让对量子力学的理解更加混乱。

我在科普量子力学的时候，并没有像科普狭义相对论那样去梳理它的历史。了解狭义相对论的历史，了解人们之前是如何看待电磁理论和以太，了解爱因斯坦如何协调牛顿力学和麦克斯韦的电磁理论，如何从“时间”出发找到了突破口，这对大家理解狭义相对论是大有好处的。但是，量子力学的历史，就最好只当成历史去看，用量子初创期的那些思想去理解量子力学的话，会带来各种各样的误解。

造成这种现象的原因也很简单，在爱因斯坦发表《论动体的电动力学》之后，狭义相对论的基本内容就算定下来了，后面也没什么太大的变化。但量子论不一样，在量子力学最初的 25 年里，人们的很多思想都是半经典半量子的，即便20世纪20年代后期量子力学的形式理论基本确定下来了，量子力学里面的问题依然非常多。正因为如此，后面才会有薛定谔的猫、爱因斯坦和玻尔的论战、贝尔不等式，有诸如多世界理论和退相干之类的内容，而这些是许多人更感兴趣的。

因此，如果想以后能深入讨论那些精彩的话题，最低的门槛就是掌握量子力学的形式理论，只了解量子力学初期的历史是绝对不行的。大家看看不确定性原理的那部分，你会发现如果没有量子力学的形式理论做依托，我们很难把不确定性原理讲清楚，后面更复杂的问题就更难说了。

我也知道，基本上没有什么量子力学科普书像我这么写的，我这本书其实是按照“高等量子力学”教材的结构来写的。大家去看看樱井纯和拿波里塔诺的《现代量子力学》或者喀兴林的《高等量子力学》，你会发现大体的框架和叙事逻辑就是这样的。我只是用一条逻辑主线把量子力学形式理论的主要内容串了起来，这样大家再去看教材，看具体细节时就不容易迷失方向。

按照原计划，我是想等量子力学的话题都讲完了再一起出书的。但是，因为量子力学涉及的话题实在太多了，大家感兴趣的话题更多，如果想等到把这些话题都讲完，那不知道要等到何年何月，所以，我决定把讲量子力学形式理论的这部分先出版。

而且，我也反复强调了：量子力学的形式理论是后面讨论一切量子话题的根基，这也是量子力学教材的核心内容。由于这部分内容特别重要，而它的篇幅也比较长，把它先出版了也能方便大家精读细读。等以后把量子力学的相关话题都写完了，我再更新一个版本，把所有的内容都加进去。

愿大家在量子的世界里都不迷路！